QINGDAOSHI ZHUANGPEISHI GANGJIEGOU JIANZHU

青岛市装配式钢结构建筑

SHIGONG YU YANSHOU JISHU DAOZE

施工与验收技术导则

青岛市住房和城乡建设局　编

中国海洋大学出版社

·青岛·

图书在版编目(CIP)数据

青岛市装配式钢结构建筑施工与验收技术导则 / 青岛市住房和城乡建设局编. —青岛:中国海洋大学出版社,2022.4

ISBN 978-7-5670-3136-4

Ⅰ.①青… Ⅱ.①青… Ⅲ.①装配式构件—钢结构—建筑施工—工程质量—工程验收—青岛 Ⅳ.①TU758.11

中国版本图书馆 CIP 数据核字(2022)第 058975 号

出版发行 中国海洋大学出版社

社　　址 青岛市香港东路 23 号　　**邮政编码** 266071

出 版 人 杨立敏

网　　址 http://pub.ouc.edu.cn

电子信箱 1193406329@qq.com

订购电话 0532-82032573(传真)

责任编辑 孙宇菲　　**电　　话** 0532-85902349

印　　制 青岛国彩印刷股份有限公司

版　　次 2022 年 4 月第 1 版

印　　次 2022 年 4 月第 1 次印刷

成品尺寸 260 mm × 185 mm

印　　张 5.25

字　　数 113 千

印　　数 1 ~ 1300

定　　价 32.00 元

青岛市住房和城乡建设局文件

青建办字〔2021〕92号

青岛市住房和城乡建设局关于印发青岛市装配整体式剪力墙结构住宅设计质量通病防治导则青岛市装配式钢结构建筑施工与验收技术导则的通知

各有关单位：

为进一步构建完备装配式建筑技术体系，推进新型建筑工业化发展，根据国家、省、市相关规定和技术标准，结合装配式建筑发展需要，我局组织编制了《青岛市装配整体式剪力墙结构住宅设计质量通病防治导则》和《青岛市装配式钢结构建筑施工与验收技术导则》，现予印发，请遵照执行。

青岛市住房和城乡建设局

2021年12月10日

前言
Preface

为进一步规范青岛市装配式钢结构建筑施工与验收工作，提升建筑产业化发展水平，在全面调查研究、认真总结实践经验和广泛征求意见建议的基础上，编制了本导则。

本导则共分12章，包括总则，术语，基本规定，材料，主体结构施工与验收，外围护墙及内隔墙施工与验收，设备及管线施工与验收，内部装修施工与验收，包装、运输及堆放，施工机械，建筑信息模型，使用和维护等内容。

本导则由青岛市住房和城乡建设局负责管理，由青岛市建筑节能与产业化发展中心、青岛市建筑设计研究院集团股份有限公司和青岛理工大学负责具体内容解释。

请各单位在执行本导则过程中，注意积累资料与数据，如有意见建议及时向编制单位反馈，供今后修订参考。

主编单位: 青岛市建筑节能与产业化发展中心
青岛市建筑设计研究院集团股份有限公司
青岛理工大学

参编单位: 青岛义和钢构有限公司
天一新能绿色集成房屋科技(青岛)有限公司

参编人员: 王　伟　郁有升　刘洪洲　崔玉敏　何海东　刘　欢　邱玉龙
王建龙　杨文秀　贾壮普　李　承　王　琳　王　鹏　韩俊良
王　轩　刘　杰　马仁武

审查人员: 彭福明　刘学春　杨会峰　张建筑　傅正茂

目录

Contents

1 总 则

1.0.1 为规范青岛市装配式钢结构建筑的建设,加强建筑工程质量管理,统一装配式钢结构建筑工程施工质量的验收,保证装配式钢结构建筑工程质量,制定本导则。

1.0.2 本导则适用于抗震设防烈度为7度的装配式钢结构建筑的生产运输、施工安装与质量验收。

1.0.3 装配式钢结构建筑应将结构系统、外围护系统、设备与管线系统、内装系统协调统一施工,实现建筑功能完整、性能优良。

1.0.4 本导则应与现行国家标准《装配式钢结构建筑技术标准》GB/T 51232、《钢结构工程施工质量验收标准》GB 50205与《建筑工程施工质量验收统一标准》GB 50300配合使用。

1.0.5 装配式钢结构建筑施工质量的验收除应符合本导则外,尚应符合国家现行有关标准的规定。

2 术 语

2.1.1 装配式建筑 assembled building

结构系统、外围护系统、设备与管线系统、内装系统的主要部分采用预制部品部件集成的建筑。

【条文说明】装配式建筑是一个系统工程,由结构系统、外围护系统、设备与管线系统、内装系统四大系统组成,是将预制部品部件通过模数协调、模块组合、接口连接、节点构造和施工工法等集成装配而成的,在工地高效、可靠装配并做到主体结构、建筑围护、机电装修一体化的建筑。它有几个方面的特点:

1 以完整的建筑产品为对象,以系统集成为方法,体现加工和装配需要的标准化设计;

2 以工厂精益化生产为主的部品部件;

3 以装配和干式工法为主的工地现场;

4 以提升建筑工程质量安全水平、提高劳动生产效率、节约资源能源、减少施工污染和建筑的可持续发展为目标;

5 基于建筑信息模型(BIM)技术的全链条信息化管理,实现设计、生产、施工、装修、运维的一体化。

2.1.2 装配式钢结构建筑 assembled building with steel-structure

建筑的结构系统由钢部(构)件构成的装配式建筑。

2.1.3 建筑系统集成 integration of building systems

以装配化建造方式为基础,统筹策划、设计、生产和施工等,实现建筑结构系统、外围护系统、设备与管线系统、内装系统一体化的过程。

【条文说明】装配式建筑由结构系统、外围护系统、设备与管线系统以及内装系统组成。装配式建筑强调这四个系统之间的集成,以及各系统内部的集成过程。

2.1.4 结构系统 structure system

由结构构件通过可靠的连接方式装配而成,以承受或传递荷载作用的整体。

2.1.5 外围护系统 building envelope system

由建筑外墙、屋面、外门窗及其他部品部件等组合而成,用于分隔建筑室内外环境的部品部件的整体。

【条文说明】在建筑物中,围护结构指建筑物及房间各面的围挡物。本导则从建筑物的各系统应用出发,将外围护结构及其他部品部件统一归纳为外围护系统。

2.1.6 设备与管线系统 facility and pipeline system

由给水排水、供暖通风空调、电气和智能化、燃气等设备与管线组合而成,满足建筑使用功能的整体。

2.1.7 内装系统 interior decoration system

由楼地面、墙面、轻质隔墙、吊顶、内门窗、厨房和卫生间等组合而成,满足建筑空间使用要求的整体。

2.1.8 钢框架结构 steel frame structure

以钢梁和钢柱或钢管混凝土柱刚接连接,具有抗剪和抗弯能力的结构。

2.1.9 部件 component

在工厂或现场预先生产制作完成,构成建筑结构系统的结构构件及其他构件的统称。

2.1.10 部品 part

由工厂生产,构成外围护系统、设备与管线系统、内装系统的建筑单一产品或复合产品组装而成的功能单元的统称。

2.1.11 压型钢板组合楼板 composite slabs with profiled steel sheet

压型钢板上浇筑混凝土形成的组合楼板。

2.1.12 模块 module

建筑中相对独立,具有特定功能,能够通用互换的单元。

【条文说明】模块是标准化设计中的基本单元,首先应具有一定的功能,具有通用性;同时,在接口标准化的基础上,同类模块也具有互换性。

2.1.13 全装修 decorated

所有功能空间的固定面装修和设备设施全部安装完成,达到建筑使用功能和建筑性能的状态。

【条文说明】全装修强调了作为建筑的功能和性能的完备性。建筑的最基本属性是其功能性。因此,装配式建筑的最低要求应该定位在具备完整功能的成品形态,不能割裂结构、装修,底线是交付成品建筑。推进全装修,有利于提升装修集约化水平,有利于推动建筑绿色节能发展,提高建筑性能和消费者生活质量,带动相关产业发展。全装修是房地产市场成熟的重要标志,是与国际接轨的必然发展趋势,也是推进我国建筑产业健康发展的重要路径。

2.1.14 装配式装修 assembled decoration

采用干式工法,将工厂生产的内装部品在现场进行组合安装的装修方式。

【条文说明】装配式装修以工业化生产方式为基础,采用工厂制造的内装部品,并采用干式工法。推行装配式装修是推动装配式建筑发展的重要方向。采用装配式装修的设计建造方式具有五个方面优势:一、部品在工厂制作,现场采用干式作业,可以最大限度保证产品质量和性能;二、提高劳动生产率,节省大量人工和管理费用,大大缩短建设周期,综合效益明显,从而降低生产成本;三、节能环保,减少原材料的浪费,减少噪声粉尘和建筑垃圾等污染;四、便于维护,降低了后期的运营维护难度,为部品更换创造了可能;五、工业化生产的方式有效解决了施工生产的尺寸误差和模数接口问题。

2.1.15 标准化接口 standardized interface

具有统一的尺寸规格与参数,并满足公差配合及模数协调的接口。

【条文说明】在装配式建筑中接口主要是两个独立系统、模块或者部品部件之间的共享边界,接口的标准化,可以实现通用性以及互换性。

2.1.16 装配式隔墙、吊顶和楼地面 assembled partition wall, ceiling and floor

由工厂生产的,具有隔声、防火、防潮等性能,且满足空间功能和美学要求的部品集成,并主要采用干式工法装配而成的隔墙、吊顶和楼地面。

【条文说明】发展装配式隔墙、吊顶和楼地面部品技术,是我国装配化装修和内装产业化发展的主要内容。以轻钢龙骨石膏板体系的装配式隔墙、吊顶为例,其主要特点如下:干式工法,实现建造周期缩短60%以上;减少室内墙体占用面积,提高建筑的得房率;防火、保温、隔声、环保及安全性能全面提升;资源再生,利用率在90%以上;空间重新分割方便;健康环保性能提高,可有效调整湿度,增加舒适感。

2.1.17 集成式厨房 integrated kitchen

由工厂生产的楼地面、吊顶、墙面、橱柜和厨房设备及管线等集成并主要采用干式工法装配而成的厨房。

2.1.18 集成式卫生间 integrated bathroom

由工厂生产的楼地面、墙面(板)、吊顶和洁具设备及管线等集成并主要采用干式工法装配而成的卫生间。

【条文说明】2.1.17～2.1.18条中集成式厨房多指居住建筑中的厨房,本条强调了厨房的“集成性”和“功能性”;集成式卫生间充分考虑了卫生间空间的多样组合或分隔,包括多器具的集成卫生间产品和仅有洗面、洗浴或便溺等单一功能模块的集成卫生间产品。

2.1.19 管线分离 pipe & wire detached from structure system

将设备与管线设置在结构系统之外的方式。

【条文说明】在传统的建筑设计与施工中,一般均将室内装修用设备管线预埋在混凝土楼板和墙体等建筑结构系统中。在后期长时期的使用维护阶段,大量的建筑虽然结构系统仍可满足使用要求,但预埋在结构系统中的设备管线等早已老化无法改造更新,后期装修剔凿主体结构的问题大量出现,也极大地影响了建筑使用寿命。因此,装配式建筑鼓励采用设备管线与建筑结构系统的分离技术,使建筑具备结构耐久性、室内空间灵活性及可更新性等特点,同时兼备低能耗、高品质和长寿命的可持续建筑产品优势。

2.1.20 预拼装 test preassembling

为检验构件是否满足安装质量要求而进行的拼装。

3 基本规定

3.0.1 装配式钢结构建筑应综合协调建筑、结构、设备和内装等专业，制定相互协同的施工组织方案，并应采用装配式施工，保证工程质量，提高劳动效率。

3.0.2 装配式钢结构建筑应实现全装修，内装系统应与结构系统、外围护系统、设备与管线系统一体化建造。

3.0.3 装配式钢结构建筑宜采用建筑信息模型(BIM)技术，实现全专业、全过程的信息化管理。

【条文说明】建筑信息模型技术是装配式建筑建造过程的重要手段。通过信息数据平台管理系统将设计、生产、施工、物流和运营等各环节联系为一体化管理，对提高工程建设各阶段及各专业之间协同配合的效率，以及一体化管理水平具有重要作用。

3.0.4 装配式钢结构建筑宜采用智能化技术，提升建筑使用的安全、便利、舒适和环保等性能。

3.0.5 装配式钢结构建筑建造方式宜采用工程总承包模式，建设单位宜把项目设计、建筑部品部件制作、施工全部委托给工程总承包单位负责组织实施。建设单位应委托监理单位对建筑部品部件的生产环节进行驻厂监造。

3.0.6 装配式钢结构建筑的施工单位应有相应的施工技术标准、质量管理体系、质量控制及检验制度，施工现场应有经审批的施工组织设计、施工方案等技术文件。

【条文说明】本条是对从事钢结构工程的施工企业进行资质和质量管理的内容，强调市场准入制度。

现行国家标准《建筑工程施工质量验收统一标准》GB 50300—2013 中表 A.0.1 的检查内容比较详细，针对钢结构工程可以进行简化，特别是对已通过质量管理体系 ISO 9001、环境管理体系 ISO14001 和职业健康安全管理体系 OHSAS 18001 论证的企业，检查项目可以减少。对常规钢结构工程来讲，现行国家标准《建筑工程施工质量验收统一标准》GB 50300—2013 表 A.0.1 中检查内容主要有质量管理制度和质量检验制度、施工技术企业标准、专业技术管理和专业工程岗位证书、施工资质和分包方资质、施工组织设计(施工方案)检验仪器设备及计量设备等。

3.0.7 装配式钢结构建筑工程施工中采用的工程技术文件、承包合同文件等对施工质量验收的要求不得低于本标准的规定。

3.0.8 装配式钢结构建筑建造中应采用绿色建材和性能优良的部品部件，以提升建筑整体性能和品质。

【条文说明】装配式建筑强调性能要求，提高建筑质量和品质。装配式钢结构建筑的结构系统本身就是绿色建造技术，是国家重点推广的内容，符合可持续发展战略。因此，外围护系统、设备与管线系统以及内装系统也应遵循绿色建筑全寿命期的理念，结合地域特点和地方优势，优先采用节能环保的技术、工艺、材料和设备，实现节约资源、保护环境和减少污染的目标，为人们提供健康舒适的居住环境。

3.0.9 装配式钢结构建筑的防火、防腐的施工应符合国家现行相关标准的规定，满足可靠性、安全性和耐久性的要求。

【条文说明】防火、防腐对装配式钢结构建筑来说是非常重要的性能，除必须满足国家现行标准中的相关规定外，在装配式钢结构的设计、生产运输、施工安装以及使用维护过程中均要考虑可靠性、安全性和耐久性的要求。

3.0.10 装配式钢结构建筑采用的新技术、新工艺、新材料、新设备，应按有关规定进行备案。

3.0.11 装配式钢结构建筑施工应有完整的质量控制及验收资料。

4 材 料

4.1 钢材及金属连接件

4.1.1 装配式钢结构中使用的钢材宜采用Q235钢、Q355钢、Q390钢，其质量应分别符合国家标准《碳素结构钢》GB/T 700和《低合金高强度结构钢》GB/T 1591的规定。当采用其他牌号的钢材时，应符合国家有关标准的规定。

【条文说明】本条是对装配式钢结构中使用的钢材品种及其应符合的标准要求做出的规定。

4.1.2 钢材应具有抗拉强度、伸长率、屈服强度和硫、磷含量的合格保证，对焊接构件或连接件应具有含碳量的合格保证；焊接承重结构和重要的非焊接承重结构采用的钢材，尚应具有冷弯试验的合格保证，并应符合国家标准《钢结构设计标准》GB 50017的规定。

【条文说明】本条是对装配式钢结构中使用的钢材的性能做出的规定，特别强调了焊接承重结构应具有的性能要求。

4.1.3 连接件应符合下列规定：

1 普通螺栓应符合国家标准《六角头螺栓 C级》GB/T 5780和《六角头螺栓》GB/T 5782的规定；

2 高强度螺栓应符合国家标准《钢结构用高强度大六角头螺栓》GB/T 1228、《钢结构用高强度大六角螺母》GB/T 1229、《钢结构用高强度垫圈》GB/T 1230、《钢结构用高强度大六角头螺栓、人六角螺母、垫圈技术条件》GB/T 1231或《钢结构用扭剪型高强度螺栓连接副技术条件》GB/T 3633的规定；

3 锚栓宜采用Q235钢或Q355钢，并应符合国家标准《碳素结构钢》GB/T 700或《低合金高强度结构钢》GB/T 1591的规定；

4 螺钉、螺栓应符合国家标准《紧固件螺栓和螺钉通孔》GB/T 5277、《紧固件机械性能螺栓、螺钉和螺柱》GB/T 3098.1、《紧固件机械性能螺母粗牙螺纹》GB/T 3098.2、《紧固件机械性能螺母细牙螺纹》GB/T 3098.4、《紧固件机械性能自攻螺钉》GB/T 3098.5、《紧固件机械性能不锈钢螺栓、螺钉和螺柱》GB/T 3098.6、《紧固件机械性能自钻自攻螺钉》GB/T 3098.11 和《紧固件机械性能不锈钢螺母》GB/T 3098.15 等的规定;

5 焊钉(栓钉)应符合现行国家标准《电弧螺柱焊用圆柱头焊钉》GB/T 10433 的规定;

6 自钻自攻螺钉应符合国家标准《十字槽盘头自钻自攻螺钉》GB/T 15856.1 和《十字槽沉头自钻自攻螺钉》GB/T 15856.2 的规定;

7 预埋件、挂件、金属附件及其他金属连接件所用钢材及性能应满足设计要求。

【条文说明】本条是对装配式钢结构建筑所使用的主要连接件品种及材质要求做出的规定。

4.1.4 针对青岛市近海一带区域,距离海岸 2.0 km 范围内,处于潮湿、沿海等腐蚀环境的金属连接件应采用不锈钢或经防腐蚀处理的产品。

【条文说明】本条是对处于腐蚀环境的金属连接件做出的相关规定。

4.1.5 处于外露环境并对耐腐蚀有特殊要求的或受腐蚀性气态和固态介质作用的钢构件,宜采用耐候钢或经防腐蚀处理过的钢材,耐候钢应符合国家标准《焊接结构用耐候钢》GB/T 4172 的规定。

【条文说明】本条是对处于外露环境并对耐腐蚀有特殊要求的或受腐蚀性气态和固态介质作用的钢材做出的规定。

4.1.6 进口金属连接件应有质量合格证书和产品标识,其质量不应低于国内同类产品标准的规定,并应符合需方的要求。

【条文说明】本条是对装配式钢结构建筑中使用的进口金属连接件提出的质量要求。

4.1.7 钢构件焊接用的焊条,应符合国家标准《非合金钢及细晶粒钢焊条》GB/T 5117 或《热强钢焊条》GB/T 5118 的规定。选择的焊条牌号和性能应与主体金属力学性能相适应。

【条文说明】本条是对装配式钢结构建筑中使用的焊条提出的质量要求。

4.1.8 钢结构楼盖采用压型钢板组合楼板时,宜采用闭口型压型钢板,其材质和材料性能应符合国家标准《建筑用压型钢板》GB/T 12755 的相关规定。

【条文说明】本条是对装配式钢结构建筑中使用的压型钢板的材质和性能做出的规定。

4.1.9 装配式钢结构建筑楼(屋)面板中的钢筋,其材质和性能应符合国家标准《混凝土结构设计规范》GB 50010 的规定。

【条文说明】本条是对装配式钢结构建筑中使用的钢筋的材质和性能做出的规定。

4.2 墙　板

4.2.1 蒸压加气混凝土墙板材料力学性能指标应符合现行国家及行业标准《蒸压加气混凝土板》GB 15762、《蒸压加气混凝土制品应用技术标准》JGJ/T 17 等标准的有关规定。

4.2.2 预制混凝土外墙挂板所用材料应符合行业标准《装配式混凝土结构技术规程》JGJ 1 的规定。

4.2.3 钢龙骨组合外墙的龙骨截面规格、间距、连接件和连接的计算应符合国家标准《冷弯薄壁型钢结构技术规范》GB 50018 和《钢结构设计标准》GB 50017 的规定。

4.2.4 木骨架组合墙体施工应符合现行国家标准《木骨架组合墙体技术规范》GB/T 50361 的规定。

4.2.5 预制墙板出厂时,预制构件生产企业应向使用单位提供《产品出厂合格证》和产品性能检测检验报告等质量证明文件。

4.3 保温材料

4.3.1 外墙的保温宜选用保温装饰一体化板材,其材料及系统性能应满足行业标准《外墙外保温工程技术规程》JGJ 144 的有关规定。

4.3.2 玻璃棉保温材料的技术性能应符合现行国家标准《绝热用玻璃棉及其制品》GB/T 13350 的有关规定。

4.3.3 岩棉、矿渣棉保温材料的技术性能应符合现行国家标准《绝热用岩棉、矿渣棉及其制品》GB/T 11835 的有关规定。

4.3.4 硬泡聚氨酯板保温材料的技术性能应符合现行国家标准《硬泡聚氨酯保温防水工程技术规范》GB 50404 的有关规定。

4.3.5 预制混凝土外挂墙板中的夹心保温层可采用有机类保温材料或无机类保温材料作为保温层,其燃烧性能应符合现行国家标准的有关规定。

【条文说明】材料燃烧性能应符合现行国家标准《建筑材料及制品燃烧性能分级》GB 8624、《建筑设计防火规范》GB 50016 的有关规定。

4.4 密封材料

4.4.1 装配式钢结构建筑预制墙板接缝处建筑密封胶宜选用低模量弹性密封胶,其技术性能应符合现行建材行业标准《混凝土建筑接缝用密封胶》JC/T 881 的有关规定。

4.4.2 装配式钢结构建筑预制墙板接缝处气密条宜采用三元乙丙橡胶、氯丁橡胶或硅橡胶，其技术性能应符合现行国家标准《工业用橡胶板》GB/T 5574 的有关规定。

4.5 装饰装修材料

4.5.1 装修材料按其使用部位和功能，可划分为顶棚装修材料、墙面装修材料、地面装修材料、隔断装修材料、固定家具、装饰织物、其他装修装饰材料七类。

注：其他装修装饰材料是指楼梯扶手、挂镜线、踢脚板、窗帘盒、暖气罩等。

【条文说明】建筑用途、场所、部位不同，所使用装修材料的火灾危险性不同，对装修材料的燃烧性能要求也不同。为了便于对材料的燃烧性能进行测试和分级，安全合理地根据建筑的规模、用途、场所、部位等规定去选用装修材料，按照装修材料在内部装修中的部位和功能将装修材料分为七类。

4.5.2 建筑装饰装修工程所用材料的品种、规格和质量应符合设计要求和国家现行标准的规定，不得使用国家明令淘汰的材料。

【条文说明】本条是对装配式钢结构建筑装饰装修材料品种及其应符合的性能要求做出的规定。

4.5.3 建筑装饰装修工程所用材料的燃烧性能应符合现行国家标准《建筑内部装修设计防火规范》GB 50222 和《建筑设计防火规范》GB 50016 的规定。

【条文说明】本条是对装配式钢结构建筑装饰装修材料防火性能应符合的性能要求做出的规定。

4.5.4 建筑装饰装修工程所用材料应符合国家有关建筑装饰装修材料有害物质限量标准的规定。其有害物质限量应符合现行国家标准《民用建筑工程室内环境污染控制标准》GB 50325 及国家现行有关标准的规定。

【条文说明】本条是对装配式钢结构建筑装饰装修材料有害物质限量应符合的标准要求做出的规定。

4.5.5 建筑装饰装修工程所使用的材料在运输、储存和施工过程中，应采取有效措施防止损坏、变质和污染环境；应按设计要求进行防火、防腐和防虫处理。

【条文说明】本条是对装配式钢结构建筑装饰装修材料在运输及存储过程中的注意事项做出的规定。

4.6 其他材料

4.6.1 围护系统的材料与部品的放射性核素限量应符合国家标准《建筑材料放射性核素限量》GB 6566 的规定；室内材料与部品的性能应符合国家标准《民用建筑工程室内环境污染控制规范》GB 50325 的有关规定。

4.6.2 围护钢骨架及钢制组件、连接件应采用热浸镀锌或采用其他有效防腐处理措施。

4.6.3 门窗玻璃组件的性能应符合行业标准《建筑玻璃应用技术规程》JGJ113 的有关规定。当采用安全玻璃时，应采用钢化玻璃、夹层玻璃及由钢化玻璃或夹层玻璃组合的安全玻璃。

4.6.4 门窗部品的性能分级指标应符合国家标准《建筑外门窗气密、水密、抗风压性能分级及检测方法》GB/T 7106的有关规定；设计文件应注明外门窗抗风压、气密性、水密性、保温、抗结露因子、隔声等性能的要求，且应注明所采用的门窗材料、颜色、玻璃品种及开启方式等要求。

4.6.5 外围护系统的防水材料、涂装材料、防裂材料等应符合下列规定：

1 外墙围护系统的材料性能应符合行业标准《建筑外墙防水工程技术规程》JGJ/T 235 的有关规定，并应注明防水、透气、耐老化、防开裂等技术参数要求；

2 屋面围护系统的材料应根据建筑物重要程度、屋面防水等级选用，防水材料性能应符合国家标准《屋面工程技术规范》GB 50345 的有关规定；

3 坡屋面材料性能应符合国家标准《坡屋面工程技术规范》GB 50693 的有关规定；

4 种植屋面材料性能应符合行业标准《种植屋面工程技术规程》JGJ 155 的有关规定。

【条文说明】4.6.1 ～ 4.6.5 条是对装配式钢结构建筑外围护体系的墙体材料、门窗部品、屋面材料等做出的相关规定。

5 主体结构施工与验收

5.1 一般规定

5.1.1 装配式钢结构建筑的承重结构构件的制作、施工安装和质量验收应符合国家现行标准《钢结构工程施工质量验收规范》GB 50205 的要求,以及《钢结构工程施工规范》GB 50755 中关于钢结构制作的要求。

5.1.2 装配式钢结构建筑部品部件应在工厂车间生产,生产过程及管理宜应用信息管理技术,生产工序宜形成流水作业,生产厂家宜建立质量可追溯的信息化管理系统和编码系统。

【条文说明】为体现装配式钢结构部品部件的安装效率及发展方向,相对传统部品部件安装来说,部品部件应在工厂车间生产,生产过程及管理宜应用信息管理技术,生产工序宜形成流水作业,生产厂家宜建立质量可追溯的信息化管理系统和编码系统。

5.1.3 装配式钢结构建筑部品或构件出厂时,应有部品或构件重量、重心位置、吊点位置、能否倒置等标志。

【条文说明】沿用国家标准《钢结构工程施工质量验收规范》GB 50205 外,为体现装配式建筑部品构件的安装效率及降低成本,须在构件上设置构件重量、重心位置、吊点位置、能否倒置等标志。

5.1.4 装配式钢结构施工详图设计应综合考虑安装要求,如吊装构件的单元划分、吊点和临时连接件设置、对位和测量控制基准线或基准点、安装焊接的坡口方向和形式等。

【条文说明】装配式钢结构施工详图设计应更精细化,体现在吊装构件的单元划分、吊点和临时连接件设置、对位和测量控制基准线或基准点、安装焊接的坡口方向和形式等。

5.1.5 装配式钢结构选用的防火涂料应符合设计文件和国家现行有关标准的规定,并具有抗冲击能力和粘结强度,不应腐蚀钢材。

【条文说明】钢结构可采用喷涂防火涂料、外包不燃材料等防火保护措施。外包不燃材料可浇筑C20混凝土、砌筑砌体(加气混凝土砌块、陶粒空心砌砖块、粘土砖)、防火板、柔性毡状材料(岩棉等)、金属网抹轻质底层抹灰石膏、金属网抹M5砂浆等其他隔热材料。

1 采用防火涂料保护时,应符合下列规定:

1)钢构件防火可采用膨胀型或非膨胀型防火涂料,钢柱宜采用非膨胀型防火涂料,钢梁宜采用膨胀型防火涂料;

2)连接节点的涂层厚度不应小于相邻构件的涂层厚度;

3)对于承受冲击、振动作用的钢梁、涂层厚度不小于40 mm的钢梁、腹板高度大于1.5 m的钢梁、大面积钢板剪力墙或使用粘结强度不大于0.05 MPa的防火涂料时,宜设置与钢构件相连接的钢丝网。

2 采用防火板保护时,应符合下列规定:

1)当钢结构采用防火板保护时,可采用低密度防火板、中密度防火板和高密度防火板;

2)防火板的接缝构造(单层板或多层板)和接缝材料均应具有不低于防火板的防火性能。

当压型钢板组合楼板、钢筋桁架楼承板中的压型钢板仅用作混凝土楼板的永久性模板,不充当板底受拉钢筋参与结构受力时,压型钢板可不进行防火保护。

钢结构的防腐涂装设计应符合国家现行标准《工业建筑防腐蚀设计规范》GB 50046、《建筑钢结构防腐蚀技术规程》JGJ/T 251、《冷弯型钢结构技术规范》GB 50018和协会标准《钢结构防腐蚀涂装技术规程》CECS 343的规定。

钢结构应遵循安全可靠、经济合理的原则,按下列要求进行防腐蚀设计:

1 钢结构防腐蚀设计应根据建筑物的重要性、环境腐蚀条件、施工和维修条件等要求合理确定防腐蚀设计年限;

2 防腐蚀设计应考虑环保节能的要求;

3 钢结构除必须采取防腐蚀措施外,尚应尽量避免加速腐蚀的不良设计;

4 防腐蚀设计中应考虑钢结构全寿命期内的检查、维护和大修。

5.1.6 装配式钢结构建筑施工单位应建立完善的安全、质量、环境和健康管理体系。

【条文说明】本条规定了从事装配式钢结构建筑工程各专业施工单位的管理体系要求,以规范市场准入制度。

5.1.7 施工前,施工单位应编制下列技术文件,并按规定进行审批和论证:

1 施工组织设计及配套的专项施工方案；

2 安全专项方案，若施工单位根据施工方案需变更原设计节点的连接方式或构件需要现场拼接时，节点的连接方式或现场拼接做法应由设计单位确定；

3 环境保护专项方案，含现场涂装施工时采取的环境保护和劳动保护措施。

【条文说明】本条规定了装配式钢结构建筑工程施工前应完成施工组织设计、专项施工方案、安全专项方案、环境保护专项方案等技术文件的编制，并按规定审批论证，以规范项目管理，确保安全施工、文明施工。施工组织设计一般包括编制依据、工程概况、资源配置、进度计划、施工总平面布置、主要施工方案、施工质量保证措施、安全保证措施及应急预案、文明施工及环境保护措施、季节性施工措施、夜间施工措施等内容，也可以根据工程项目的具体情况对施工组织设计的编制内容进行取舍。

编制专门的施工安全专项方案，以减少现场安全事故，规定现场安全生产要求。现场安全主要包括结构安全、设备安全、人员安全和用火用电安全等。可参照的标准有《建筑机械使用安全技术规程》JGJ 33、《施工现场临时用电安全技术规范》JGJ 46、《建筑施工安全检查标准》JGJ 59、《建设工程施工现场环境与卫生标准》JGJ 146 等。

为了能够保证钢结构安装的顺利进行，钢结构在出厂前应根据工程复杂程度、设计要求或图纸深化设计内容进行厂内预拼装。安装的校正、高强螺栓安装、负温下施工及焊接工艺等，应在安装前进行工艺实验或评定，并在此基础上制定相应的施工工艺或方案。

施工单位应编制的技术文件应符合《危险性较大的分部分项工程安全管理规定》。2018 年 5 月 22 日，住建部下发的文件中，与装配式钢结构建筑相关的危险性较大的分部分项工程范围规定如下。

1）用于钢结构安装的满堂支撑体系。

2）起重吊装及起重机械安装工程：

（1）采用非常规起重设备、方法，且单件起吊重量在 10 kN 及以上的起重吊装工程；

（2）采用起重机械进行安装的工程；

（3）起重机械安装和拆卸工程。

3）其他工程：

（1）钢结构、网架和索膜结构安装工程；

（2）建筑幕墙安装工程；

（3）采用新技术、新工艺、新材料、新设备可能影响工程施工安全，尚无国家、行业及地方技术标准的分部分项工程。

与装配式钢结构建筑相关的,超过一定规模的危险性较大的分部分项工程范围。

1)用于钢结构安装等满堂支撑体系,承受单点集中荷载 7 kN 及以上。

2)起重吊装及起重机械安装工程:

(1)采用非常规起重设备、方法,且单件起吊重量在 100 kN 及以上的起重吊装工程;

(2)起重量 300 kN 及以上,或搭设总高度 200 m 及以上,或搭设基础标高在 200 m 及以上的起重机械安装和拆卸工程。

3)其他工程:

(1)跨度 36 m 及以上的钢结构安装工程,或跨度 60 m 及以上的网架和索膜结构安装工程;

(2)重量 1000 kN 及以上的大型结构整体顶升、平移、转体等施工工艺;

(3)采用新技术、新工艺、新材料、新设备可能影响工程施工安全,尚无国家、行业及地方技术标准的分部分项工程。

5.1.8 施工单位应根据装配式钢结构建筑的特点,选择合适的施工方法,制定合理的施工顺序,并应尽量减少现场支模和脚手架用量,提高施工效率。

【条文说明】本条规定装配式钢结构建筑的施工应根据部品部件工厂化生产、现场装配化施工的特点,采用合适的安装工法,并合理安排协调好各专业工种的交叉作业,提高施工效率,体现装配式建筑施工快、安装一体化的特点。

5.1.9 施工用的设备、机具、工具和计量器具,应满足施工要求,并在合格鉴定有效期内。

【条文说明】装配式钢结构建筑工程施工期间,使用的机具和工具必须进行定期检验,保证达到使用要求的性能及各项指标。

5.1.10 装配式钢结构建筑应遵守国家环境保护的法规和标准,采取有效措施减少各种粉尘、废弃物、噪声等对周围环境造成的污染和危害;并应采取可靠有效的防火等安全措施。

【条文说明】本条规定了安全、文明、绿色施工的要求。

施工扬尘是最主要的大气污染源之一。施工中应采取降尘措施,降低大气总悬浮颗粒物浓度。

施工中的降尘措施包括对易飞扬物质的洒水、覆盖、遮挡,对出入车辆的清洗、封闭,对易产生扬尘施工工艺的降尘措施等。建筑施工废弃物对环境产生较大影响,同时建筑施工废弃物的产出,也意味着资源的浪费。因此,减少建筑施工废弃物的产生,涉及节地、节能、节材和保护环境这一可持续发展的综合性问题。废弃物控制应在材料采购、材料管理、施工管理的全过程实施,应分类收集、集中堆放,尽量回收和再利用。

施工噪声是影响周边居民生活的主要因素之一。现行国家标准《建筑施工场界环境噪声排放标准》GB 12523 是施工噪声排放管理的依据。应采取降低噪声和噪声传播的有效措施，包括采用低噪声设备，运用吸声、消声、隔声、隔振等降噪措施，降低施工机械噪声影响。

5.1.11 施工单位应对装配式钢结构建筑的现场施工人员进行相应专业的培训。

【条文说明】装配式钢结构建筑施工应配备相关专业技术人员，施工前应对相关人员进行专业培训和技术交底。

5.1.12 施工单位应对进场的部品部件进行检查，合格后方可使用。

【条文说明】构件准备时，应清点构件的型号、数量，并按设计和规范要求对构件进行全面检查，在构件上根据就位、校正的需要做好标记。

5.1.13 装配式钢结构建筑的验收应符合现行国家标准《建筑工程施工质量验收统一标准》GB 50330及现行相关工程质量验收标准的规定。

【条文说明】装配式建筑是一个系统工程，由结构系统、墙体系统、机电系统、内装系统四大系统组成，装配式建筑的建造过程是一个将四大系统一体化集成的过程。施工过程中，应将每一系统作为一个分部工程进行验收。

每一系统验收过程中所涉及的验收内容及执行的现行标准均较多，且不同系统现行标准对验收内容的表述方法也不尽一致，为了达到与现行相关标准既能有效协调又不出现条文抵触，且能体现本标准特点的目的，本章节将四个不同系统的验收内容统一分成“分部工程的划分、验收前的现场试验测试项目、现场验收项目、安装偏差检查项目、验收执行标准”五部分，分别提出了相应验收要求。

本条提出了装配式钢结构分部工程的划分方法及不同分部工程的验收顺序，其中，检验批是分项工程验收的基础。

5.1.14 零件及部件加工前，应熟悉设计文件和施工详图，应做好各道工序的工艺准备；并应结合加工的实际情况，编制加工工艺文件。

【条文说明】放样是根据施工详图用1:1的比例在样台上放出大样，通常按生产需要制作样板或样杆进行号料，并作为切割、加工、弯曲、制孔等检查用。目前，国内大多数加工单位已采用数控加工设备，省略了放样和号料工序；但是有些加工和组装工序仍需放样、做样板和号料等工序。样板、样杆一般采用铝板、薄白铁板、纸板、木板、塑料板等材料制作，按精度要求选用不同的材料。

放样和号料时应预留余量，一般包括制作和安装时的焊接收缩余量，构件的弹性压缩量，切割、刨边和铣平等加工余量，及厚钢板展开时的余量等。

5.1.15 同一厂家生产的同批材料、部品部件，用于同一工程项目且同期施工的多个单位工程，可统一划分检验批进行进场复检验收。

【条文说明】本条对同一厂家生产的产品用于同一项目、同期施工的多个单位工程，提出统一划分检验批的要求，主要目的是降低质量控制的成本，减轻企业负担。

5.2 构件制作

5.2.1 钢构件制作工艺和质量应符合以下主要工序要求。

1 钢构件和装配式楼板深化设计应根据设计图和其他有关技术文件进行编制，其内容包括设计说明、构件清单、布置图、加工详图、安装节点详图等。深化设计图应交原设计单位审核，并由原设计签字确认。

2 钢构件焊接宜采用自动焊接或半自动焊接，按制作单位审核盖章的工艺文件进行焊接。焊缝质量符合现行国家标准《钢结构工程施工质量验收规范》GB 50205 和《钢结构焊接规范》GB 50661 的规定。

3 高强度螺栓孔宜采用数控设备制孔和套模制孔，严禁烧孔或现场气割扩孔，质量符合现行国家标准《钢结构工程施工质量验收规范》GB 50205 的规定。

4 钢构件除锈应采用室内机械除锈，除锈等级应符合设计要求。

5 钢构件宜在室内进行防腐涂装。防腐涂装应符合设计规定要求，质量符合现行国家标准《钢结构工程施工质量验收规范》GB 50205。

5.2.2 预制楼板应符合下列规定：

1 金属楼层板、钢筋桁架楼承板宜采用专用设备加工；

2 钢筋混凝土预制楼板制作应符合现行行业标准《装配式混凝土结构技术规程》JGJ1 的规定。

【条文说明】钢筋混凝土预制楼板应遵循《装配式混凝土结构技术规程》JGJ1 的规定，特别是预制楼板踏板的光洁度与观感度，可不必再在其上贴瓷砖等材料，既观感好，又低成本及高效。

5.2.3 构件宜采用自动化生产线进行加工制作，应尽量减少手工作业。

5.2.4 装配式钢结构立柱的端面应进行铣削，铣削后端面的平整度不高于 0.3 mm，垂直度不高于 L/1500。

【条文说明】为确保整个框架结构的安装精度，对装配式钢结构立柱的端面应进行铣削，除遵循《钢结构工程施工规范》GB

50755—2012 外,根据工程实践增加精度要求即铣削后端面的平整度不高于 0.3 mm,垂直度不高于 L/1500。

5.2.5 制作钢结构时,应在结构上设置便于安装的吊装板或吊装孔,可在钢柱及钢梁上设置便于安装的定位板、安装平台。

5.2.6 为保证施工现场顺利拼装,装配式钢结构应根据构件或结构的复杂程度、设计要求或合同协议规定,对结构在工厂内进行整体或部分预拼装,预拼装应符合以下规定。

1 预拼装前,单个构件应检查合格;当同一类型构件较多时,可选择一定数量的代表性结构件进行预拼装。

2 构件可采用整体预拼装或累积连续预拼装。当采用累积连续预拼装时,两相邻单元连接的构件应分别参与两个单元的预拼装。

3 预拼装场地应平整、坚实;预拼装所用的临时支承架、支承凳或平台应经测量准确定位,并应符合工艺文件要求。重型构件预拼装所用的临时支承结构应进行结构安全验算。

4 采用螺栓连接的节点连接件,必要时可在预拼装定位后进行钻孔。

【条文说明】钢结构的制作预拼装应遵循《钢结构工程施工规范》GB 50755—2012,本条对预拼装做出较规范及精细的要求,为施工现场的顺利拼装做好了基础。

5.2.7 装配式钢结构部件加工基本公差应符合下列规定:

装配式钢结构部件或分部件的加工应符合基本公差的规定,基本公差应包括制作公差、安装公差、位形公差和连接公差。

【条文说明】采用了《装配式钢结构建筑技术标准》GB/T 51232—2016,对于部件及分部件基本公差作出了较详细的要求,对重要装配式钢结构工程精度要求提供了技术支撑。

5.2.8 放样和号料应根据施工详图和工艺文件进行,并应按要求预留余量。放样和号料的允许偏差应符合《钢结构工程施工规范》GB 50755 要求。

5.2.9 钢结构零件的切割、矫正和成型、边缘加工以及制孔的的允许偏差应符合《钢结构工程施工规范》GB 50755 要求。

5.2.10 装配式钢部件拼装时应满足以下要求。

1 焊接 H 型钢的翼缘板拼接缝和腹板拼接缝的间距,不宜小于 200 mm。翼缘板拼接长度不应小于 600 mm;腹板拼接宽度不应小于 300 mm,长度不应小于 600 mm。

2 箱形构件的侧板拼接长度不应小于 600 mm,相邻两侧板拼接缝的间距不宜小于 200 mm;侧板在宽度方向不宜拼接,当宽度超过 2400 mm 确需拼接时,最小拼接宽度不宜小于板宽的 1/4。

5.2.11 装配式钢构件组装时应满足以下要求。

1 构件组装宜在组装平台、组装支承架或专用设备上进行，组装平台及组装支承架应有足够的强度和刚度，并应便于构件的装卸、定位。在组装平台或组装支承架上宜画出构件的中心线、端面位置线、轮廓线和标高线等基准线。

2 构件组装可采用地样法、仿形复制装配法、胎模装配法和专用设备装配法等方法；组装时可采用立装、卧装等方式。

3 构件组装间隙应符合设计和工艺文件要求，当设计和工艺文件无规定时，组装间隙不宜大于 2.0 mm。

4 焊接构件组装时应预设焊接收缩量，并应对各部件进行合理的焊接收缩量分配。重要或复杂构件宜通过工艺性试验确定焊接收缩量。

5 拆除临时工装夹具、临时定位板、临时连接板等，严禁用锤击落，应在距离构件表面 3 mm ～ 5 mm 处采用气割切除，对残留的焊疤应打磨平整，且不得损伤母材。

5.3 施工安装

5.3.1 钢结构施工应符合现行国家标准《钢结构工程施工规范》GB 50755 和《钢结构工程施工质量验收规范》GB 50205 的规定。

5.3.2 钢结构施工前应进行施工阶段设计，选用的设计指标应符合设计文件和现行国家标准《钢结构设计规范》GB 50017 等的规定。

5.3.3 钢结构应根据结构特点选择合理顺序进行安装，并应形成稳定的空间单元，必要时应增加临时支撑或临时措施。

【条文说明】本条规定的合理顺序需考虑到平面运输、结构体系转换、测量校正、精度调整及系统构成等因素。安装阶段的结构稳定性对保证施工安全和安装精度非常重要，构件在安装就位后，应利用其他相邻构件或采用临时措施进行固定。临时支撑或临时措施应能承受结构自重、施工荷载、风荷载、雪荷载、吊装产生的冲击荷载等荷载的作用，并且不使结构产生永久变形。

5.3.4 高层钢结构安装时应计入竖向压缩变形对结构的影响，并应根据结构特点和影响程度采取预调安装标高、设置后连接构件等措施。

【条文说明】高层钢结构安装时，随着楼层升高，结构承受的荷载将不断增加，这对已安装完成的竖向结构将产生竖向压缩变形，同时也对局部构件（如伸臂桁架杆件）产生附加应力和弯矩。在编制安装方案时，应根据设计文件的要求，并结合结构特点以及竖向变形对结构的影响程度，考虑是否需要采取预调安装标高、设置后连接构件固定等措施。

5.3.5 钢结构施工期间，应对结构变形、环境变化等进行过程监测，监测方法、内容及部位应根据设计或结构特点确定。安装时须控制楼面、平台、屋面等位置的施工荷载，施工荷载严禁超过设计楼面使用荷载或设计控制要求。

【条文说明】钢结构工程施工监测内容主要包括结构变形监测、环境变化监测（如温差、日照、风荷载等外界环境因素对结构的影响）等。不同的钢结构工程，监测内容和方法不尽相同。一般情况下，监测点宜布置在监测对象的关键部位以便布设少量的监测点，仍可获得客观准确的监测结果。

施工过程中，因现场场地条件、气候等因素，会导致构件集中堆放，因此需要对施工荷载进行控制。一般结构设计总说明中，都会注明各层楼面不同位置或不同功能房间的楼面使用荷载，对照建筑平面图即可知道不同楼面位置处的设计使用荷载，可以参照作为施工荷载的控制依据。当施工荷载超过设计楼面使用荷载或设计控制要求时，施工单位应计算复核并提交设计单位认可。

5.3.6 钢结构现场涂装应符合下列规定：

1 构件在运输、存放和安装过程中损坏的涂层以及安装连接部位的涂层应进行现场补漆，并应符合原涂装工艺要求；

2 构件表面的涂装系统应相互兼容；

3 防火涂料应符合国家现行有关标准的规定；

4 现场防腐和防火涂装应符合现行国家标准《钢结构工程施工规范》GB 50755 和《钢结构工程施工质量验收规范》GB 50205 的规定。

【条文说明】本条主要规定现场涂装要求。

1 构件在运输、安装过程中涂层碰损、焊接烧伤等，应根据原涂装规定进行补漆；表面涂有工程底漆的构件，因焊接、火焰校正、暴晒和擦伤等造成重新锈蚀或附有白锌盐时，应经表面处理后再按原涂装规定进行补漆。

2 条款中的兼容性是指构件表面防腐油漆的底层漆、中间漆和面层漆之间的搭配相互兼容，以及防腐油漆与防火涂料相互兼容，以保证涂装系统的质量。整个涂装体系的产品应尽量来自同一厂家，以保证涂装质量的可追溯性。

5.3.7 钢管内的混凝土浇筑应符合现行国家标准《钢管混凝土结构技术规范》GB 50936 和《钢－混凝土组合结构施工规范》GB 50901 的规定。

5.3.8 压型钢板组合楼板和钢筋桁架楼承板组合楼板的施工应按现行国家标准《钢－混凝土组合结构施工规范》GB 50901 的规定。

5.3.9 混凝土叠合楼板施工应符合下列规定：

1 应根据设计要求或施工方案设置临时支撑；

2 施工荷载应均匀布置，且不超过设计规定；

3 端部的搁置长度应符合设计或国家现行有关标准；

4 叠合层混凝土浇筑前，应按设计要求检查结合面的粗糙度及外露钢筋。

【条文说明】混凝土叠合板施工应考虑两阶段受力特点，施工时应采取质量保证措施避免产生裂缝。

5.3.10 钢结构工程测量应符合下列规定。

1 钢结构安装前应设置施工控制网；施工测量前，应根据设计图和安装方法，编制测量专项方案。

2 施工阶段的测量应包括平面控制、高程控制和细部测量。

5.3.11 钢板剪力墙安装应符合下列规定：

1 钢板剪力墙吊装时应采取防止平面外的变形措施；

2 钢板剪力墙的安装时间和顺序应满足设计文件要求。

【条文说明】钢板墙属于平面构件，易产生平面外变形，所以要求在钢板墙堆放和吊装时采取相应的措施，如增加临时肋板防止钢板剪力墙的变形。钢板剪力墙主要为抗侧向力构件，其竖向承载力较小，钢板剪力墙开始安装时间应按设计文件的要求进行，当安装顺序有改变时要经原设计单位的批准。设计时宜进行施工模拟分析，确定钢板剪力墙的安装及连接固定时间，以保证钢板剪力墙的承载力要求。对钢板剪力墙未安装的楼层，即钢板剪力墙安装以上的楼层，应保证施工期间结构的强度、刚度和稳定满足设计文件要求，必要时应采取相应的加强措施。

5.4 质量验收

5.4.1 主体结构分部工程所含的子分部工程、分项工程及检验批的划分和验收应符合下列规定：

1 子分部工程、分项工程的划分应符合表 5.4.1 的规定：

表 5.4.1 主体结构系统子分部工程、分项工程划分

分部工程	子分部工程	分项工程
主体结构	楼板结构	压型金属板、钢筋桁架板、预制混凝土叠合楼板、木模板、钢筋、混凝土、抗剪栓钉
	钢结构	钢结构焊接、紧固件连接、零部件加工、钢结构安装、钢结构涂装、钢部件(构)组装、钢部(构)件预拼装
	钢管混凝土结构	钢管焊接、螺栓连接、钢筋、钢管制作安装、混凝土

2 检验批可根据建筑装配式施工特征、后续施工安排和相关专业验收需要,按楼层、施工段、变形缝等进行划分;

3 分项工程可由一个或若干个检验批组成,且宜分层或分段验收;

4 子分部工程验收分段可按施工段划分,并应在主体结构工程验收前按实体和检验批验收,且应分别按主控项目和一般项目验收;

5 分段验收内全部子分部工程验收合格且结构实体检验合格,可认为该段主体分部工程验收合格。

【条文说明】本条提出了主体结构分部(子分部)工程的划分方法及检验批、分项工程、子分部工程的验收要求,与装配式钢结构住宅建筑技术标准 JGJ/T 469 的技术要求一致。

5.4.2 主体结构验收前应开展下列参数的现场测试:

1 一、二级焊缝内部缺陷;

2 高强螺栓终拧扭矩、摩擦面抗滑移系数;

3 防腐涂层厚度、防火涂层厚度;

4 防火涂料粘结强度、抗压强度。

【条文说明】本条列出了装配式钢结构施工过程中的主要现场检测项目。现场检测试验的具体试验要求和合格评定标准应符合现行国家标准《钢结构工程施工质量验收规范》GB 50205 的相关规定。

5.4.3 主体结构应开展下列项目的现场验收:

1 焊缝内部缺陷、外观质量、焊缝尺寸等焊接质量;

2 螺栓终拧扭矩、外露丝扣、未拧掉梅花头数量等连接质量;

3 结构构件安装质量;

4 结构构件涂层厚度、外观缺陷等涂装质量。

【条文说明】本条列出了装配式钢结构施工过程中的现场验收主要项目。现场验收的其他项目及具体验收技术要求应符合国家标准《钢结构工程施工质量验收规范》GB 50205 及 12.2.5 条所列现行规范的相关要求。

5.4.4 主体结构应开展下列项目的安装质量检验，安装允许偏差值应符合《钢结构工程施工质量验收规范》GB 50205 的相关规定：

1 建筑定位轴线、基础上柱的定位轴线和标高、柱支承面标高及水平度、地脚螺栓的位移等项目的允许偏差；

2 柱定位轴线、垂直度的允许偏差；

3 屋架、桁架、梁等构件的垂直度和侧向弯曲矢高允许偏差；

4 主体结构的整体垂直度、整体平面弯曲允许偏差。

【条文说明】本条提出了主体结构安装偏差现场检验的主要项目，其他检查项目应按《钢结构工程施工质量验收规范》GB 50205 的要求执行。

5.4.5 主体结构分项工程质量验收除应满足《钢结构工程施工质量验收规范》GB 50205、《混凝土结构工程施工质量验收规范》GB 50204 的规定外，尚应按表 5.4.5 中相关标准的有关规定执行：

表 5.4.5 主体结构系统分项工程质量验收相关标准

序号	分项工程	质量验收标准
1	焊接、紧固件连接工程	《钢结构焊接规范》GB 50661 《钢结构高强度螺栓连接技术规程》JGJ 82
2	涂装工程	《建筑防腐蚀工程施工规范》GB 50212 《建筑防腐蚀工程施工质量验收规范》GB 50224 《建筑钢结构防腐蚀技术规程》JGJ/T 251 《热喷涂金属和其他无机覆盖层锌、铝及其合金》GB/T9793 《热喷涂金属件表面预处理通则》GB 11373
3	钢筋、混凝土及预制楼板工程	《预制带肋底板混凝土叠合楼板技术规程》JGJ/T 258 《预应力混凝土空心板》GB/T 14040 《装配式混凝土结构技术规程》JGJ 1 《装配式混凝土住宅结构施工及质量验收规程》DBJ50/T-192

【条文说明】考虑到主体结构系统各分项工程质量验收所涉及的相关标准较多，本条对各分项工程验收时所参照的标准进行了分类列表。

6 外围护墙及内隔墙施工与验收

6.1 一般规定

6.1.1 装配式钢结构建筑围护结构施工除应符合本标准的规定外，尚应符合国家有关现行标准的规定。

【条文说明】装配式钢结构建筑预制墙板施工除应符合本标准的规定外，尚应符合国家现行标准《装配式钢结构建筑技术标准》GB/T 51232、《混凝土结构工程施工规范》GB 50666 和《钢结构工程施工规范》GB 50755、《预制混凝土外墙板应用技术标准》JGJ/T458、《蒸压加气混凝土建筑应用技术规程》JGJ/T 17 的有关规定。

6.1.2 装配式钢结构建筑围护结构宜采用轻质材料，并宜采用干式工法。外墙系统与结构系统的连接形式可采用内嵌式、外挂式、嵌挂结合式等，宜分层悬挂或承托；也可选用预制外墙、现场组装骨架外墙、建筑幕墙等类型。

6.1.3 装配式钢结构建筑预制墙板安装施工前，应选择有代表性的墙板构件进行试安装，并应根据试安装结果及时调整安装工艺、完善施工方案。

6.1.4 装配式钢结构建筑预制墙板的施工方案应包含墙板安装施工专项方案和安全专项措施。

6.1.5 装配式钢结构建筑围护墙或内隔墙安装过程中，应采取有效措施减少各种粉尘、废弃物、噪声等对周围环境造成的污染和危害；并应采取可靠有效的防火等安全措施。

6.1.6 连接件的耐久性不应低于外围护系统的设计使用年限。

6.1.7 蒸压加气混凝土墙板适用的范围及规定。

1 作为填充墙用于外墙时，包括内嵌及外包形式，适用于 $H<24$ m 的钢结构建筑。如用于建筑高度超过 24 m 的建筑外围护墙

体时,应按工程实际情况个体设计。

2 作为填充墙用于内墙时,适用于所有结构体系的非承重填充内墙。

3 附录B连接节点适用于建筑层高3.9 m及以下的外墙围护系统,建筑层高超过3.9 m的建筑按工程实际情况做出相应措施。

6.1.8 AAC板外围护墙适用于建筑高度在100 m及以下的钢结构民用建筑。建筑连接节点构造建议选用《装配式建筑蒸压加气混凝土板围护系统》19CJ85-1。

6.1.9 AAC板一体化外墙适用高度小于等于24 m,当使用高度超过24 m时应进行设计及施工专项评审。

6.1.10 采用AAC板外墙围护系统的主体结构,在风荷载作用下(50年一遇)的层间位移角不宜超过1/400。

6.1.11 AAC板施工前应做以下措施。

1 应进行现场主体结构尺寸复核,并依据建筑专业施工图进行排板深化设计,逐个板块进行编码,实现板材制作、运输、安装全过程的信息化管理。

2 应依据深化设计图、现场条件、运输条件、安装工艺编制施工方案,宜组织施工方案论证。

6.1.12 施工方案应根据板材或组装单元体、连接节点、外托挂或内嵌安装方式的不同,制定详细的安装工艺及安全防护措施。

6.2 施工安装

6.2.1 装配式钢结构建筑墙板安装前,施工单位应编制下列技术文件:

1 施工组织设计及配套的墙板安装施工专项方案;

2 安全专项方案;

3 环境保护专项方案。

6.2.2 装配式钢结构建筑预制墙板施工前应进行技术交底。

6.2.3 墙板进场验收及存放应符合下列规定:

1 墙板出厂时,生产企业应向使用单位提供《产品出厂合格证》和产品性能检测检验报告等质量证明文件;

2 应合理设置垫块位置,确保墙板存放和运输稳定。

6.2.4 墙板应在主体钢结构安装完成后开始安装,在安装之前,应做安装工况下的受力计算;并利用建筑信息模型技术对墙面进行合理的排版设计,保证所有墙面板材能一次安装就位。

6.2.5 墙板吊装应采用专用吊具,起吊和就位应平稳,防止磕碰。遇到雨、雪天气以及风力大于5级时不得进行吊装作业。

6.2.6 墙板吊装用内埋式螺母或内埋式吊杆及配套的吊具,应根据相应的产品标准和应用技术规定选用。

6.2.7 墙板与主体钢结构的连接节点施工除应符合国家相关规范要求外,还应符合下列规定:

1 利用节点连接件作为外挂墙板临时固定和支承系统时,支承系统应具有调节外挂墙板安装偏差的能力;

2 有变形能力要求的连接节点,安装固定前应核对节点连接件的初始相对位置,确保连接节点的可变形量满足设计要求;

3 围护墙板校核调整到位后,应先固定承重连接点,后固定非承重连接点;

4 围护墙板安装固定后,应及时进行防腐涂装和防火涂装施工。

【条文说明】点支承外挂墙板与主体钢结构的连接节点施工应符合《钢结构工程施工规范》GB 50755的有关规定。

6.2.8 围护墙板施工应符合下列规定:

1 墙板应设置临时固定和调整装置;

2 墙板应在轴线、标高和垂直度调校合格后方可固定;

3 当条板采用双层墙板施工时,内、外层墙板的拼缝宜错开;

4 围护墙板测量应与主体钢结构测量相协调,围护墙板的安装应分配、消化全体钢结构偏差造成的影响,围护墙板的安装偏差不得累积;

5 连接节点采用焊接施工时,应及时对焊接部位进行防腐处理。

6.2.9 现场组合骨架墙板施工应符合下列规定:

1 竖向龙骨施工应平直,不得扭曲,间距应符合设计要求;

2 空腔内的保温材料应连续、密实,应在隐蔽验收合格后方可进行面板施工;

3 面板施工方向及拼缝位置应符合设计要求,内外侧接缝不宜在同一根竖向龙骨上;

4 木骨架组合墙体施工应符合现行国家标准《木骨架组合墙体技术规范》GB/T 50361的规定。

6.2.10 外墙板接缝应符合下列规定:

1 接缝处应根据当地气候条件合理选用构造防水、材料防水相结合的防排水措施;

2 接缝宽度及接缝材料应根据外墙板材料、立面分格、结构层间位移、温度变形等综合因素确定;

3 与主体结构的连接处应设置防止形成热桥的构造措施。

6.2.11 门窗施工应符合下列规定：

1 铝合金门窗施工应符合现行行业标准《铝合金门窗工程技术规范》JGJ 214 的规定；

2 塑料门窗施工应符合现行行业标准《塑料门窗工程技术规程》JGJ 103 的规定。

6.2.12 围护结构施工完成后应及时清理并做好成品保护。

6.3 质量验收

6.3.1 装配式钢结构建筑的围护结构应按国家现行有关标准进行分项工程、检验批的划分和质量验收。

6.3.2 围护结构验收时应检查下列文件和记录：

1 施工图、设计说明及其他设计文件；

2 原材料、部品、构配件的产品合格证书、性能检验报告、进场验收记录和复验报告，涉及保温构造应提供热工性能检测报告；

3 隐蔽工程验收记录；

4 施工记录；

5 其他必要的文件和记录。

6.3.3 围护结构应对下列隐蔽工程项目进行验收：

1 预埋件；

2 与主体结构的连接节点；

3 接缝、变形缝及墙面转角处的构造节点；

4 防雷装置；

5 防火构造；

6 其他隐蔽项目。

6.3.4 围护墙板分项工程应按国家现行标准《装配式钢结构建筑技术标准》GB/T 51232 的规定进行验收。

6.3.5 蒸压加气混凝土外墙板的性能、连接构造、板缝构造、内外面层做法等应符合现行行业标准《蒸压加气混凝土建筑应用技术规程》JGJ/T 17 的有关规定。

6.3.6 门窗各分项工程应按国家现行标准《建筑装饰装修工程质量验收标准》GB 50210 的规定进行验收。

7 设备及管线施工与验收

7.1 一般规定

7.1.1 装配式钢结构建筑的设备与管线系统施工应按照通用化、模数化、标准化的原则，并与结构系统、外围护系统、内装系统的施工协同进行；建筑部品部件与设备之间的连接应采用标准化接口。

7.1.2 按照设计阶段的 BIM 模型进行管线施工，对机电设备、管线、预留洞槽等精确定位，减少各类设备与管线的平面交叉，合理利用空间。

7.1.3 管线在预制部件中穿过时，在预制构件加工制作阶段，应将各专业、各工种所需要的预留孔洞、预埋件等一并完成，避免在施工现场在结构构件上进行剔凿、切割、打洞。

7.1.4 设备与管线穿越楼板和墙体时，应采取防水、防火、隔声、密封等措施；防火封堵应符合现行国家标准《建筑设计防火规范》GB 50016 的规定。

【条文说明】设备管道与钢结构构件上的预留孔洞空隙处采用不燃柔性材料填充。

7.1.5 设备与管线施工前应按设计文件核对设备及管线参数，设备管线应设置在地面架空层、墙体空腔层、饰面薄夹层或楼（屋）面吊顶层中，施工前应对基层的尺寸、位置进行复核，合格后方可施工。

7.2 施工安装

7.2.1 设备管线若需要穿越钢结构构件时，应预留连接件，并对钢结构构件进行加强。当采用其他连接方法时，不得影响钢结构构件的完整性与结构的安全性。

7.2.2 在有防腐防火保护层的钢结构上安装管道或设备支（吊）架时，宜采用非焊接方式固定；采用焊接方式时应对被损坏的防腐防火保护层进行修补。

7.2.3 管道波纹补偿器、法兰及焊接接口不应设置在钢梁或钢柱的预留孔中。

7.2.4 设备与管线施工质量应符合设计文件和现行国家标准《建筑给水排水及采暖工程施工质量验收规范》GB 50242、《通风与空调工程施工质量验收规范》GB 50243、《智能建筑工程施工规范》GB 50606、《智能建筑工程质量验收规范》GB 50339、《建筑电气工程施工质量验收规范》GB 50303 和《火灾自动报警系统施工及验收规范》GB 50166 的规定。

7.2.5 在架空地板内敷设给水排水管道时应设置管道支（托）架，并与结构可靠连接。

7.2.6 室内供暖管道敷设在墙板或地面架空层内时，阀门部位应设检修口。

7.2.7 空调风管及冷热水管道与支（吊）架之间，应有绝热衬垫，其厚度不应小于绝热层厚度，宽度应不小于支（吊）架支承面的宽度。

7.2.8 防雷引下线、防侧击雷等电位联结施工应与钢构件安装做好施工配合。

7.2.9 设备与管线施工应做好成品保护。

7.3 质量验收

7.3.1 建筑给水排水及采暖工程的施工质量要求和验收标准应按现行国家标准《建筑给水排水及采暖工程施工质量验收规范》GB 50242 的规定执行。

7.3.2 自动喷水灭火系统的施工质量要求和验收标准应按现行国家标准《自动喷水灭火系统施工及验收规范》GB 50261 的规定执行。

7.3.3 消防给水系统及室内消火栓系统的施工质量要求和验收标准应按现行国家标准《消防给水及消火栓系统技术规范》GB 50974 的规定执行。

7.3.4 通风与空调工程的施工质量要求和验收标准应按现行国家标准《通风与空调工程施工质量验收规范》GB 50243 的规定执行。

7.3.5 建筑电气工程的施工质量要求和验收标准应按现行国家标准《建筑电气工程施工质量验收规范》GB 50303 的规定执行。

7.3.6 火灾自动报警系统的施工质量要求和验收标准应按现行国家标准《火灾自动报警系统施工及验收规范》GB 50166 的规定执行。

7.3.7 智能化系统的施工质量要求和验收标准应按现行国家标准《智能建筑工程质量验收规范》GB 50339 的规定执行。

7.3.8 暗敷在轻质墙体、楼板和吊顶中的管线、设备应在验收合格并形成记录后方可隐蔽。

7.3.9 设备与管线系统的施工质量可按一个分部工程验收，该分部工程所含的子分部工程、分项工程可按表 7.3.9 划分：

表 7.3.9 设备与管线系统子分部工程、分项工程划分

分部工程	子分部工程	分项工程
设备与管线系统	建筑给排水及供暖	室内给水、室内排水、室内热水供应、室内采暖、室外给水、室外排水、供热锅炉
	通风与空调	送风系统、排风系统、防排烟系统、除尘系统、舒适性空调风系统、恒温恒湿空调风系统、净化空调风系统、真空吸尘系统、空调水系统等
	建筑电气	室外电气、变配电室、供电干线、电气动力、电气照明、自备电源、防雷及接地装置
	智能建筑	智能化集成系统、信息接入系统、用户电话交换系统、信息网络系统、综合布线系统、移动通信室内信号覆盖系统、卫星通信系统、有线电视接收系统、会议系统、建筑设备监控系统等
	建筑消防	消防水源、供水设施、供水管网、水灭火系统、系统试压及冲洗、系统调试

【条文说明】设备与管线系统包含给排水及供暖、通风与空调、建筑电气、智能建筑、建筑消防等不同的工种，每一工种可作为一个子分部工程单独进行验收。

7.3.10 设备与管线系统验收前应开展下列现场测试：

1 承压管道系统和设备水压试验，非承压管道系统和设备灌水试验；

2 喷水灭火系统喷头密封性能试验，报警阀渗漏试验；

3 风管强度、严密性试验。

【条文说明】承压管道系统和设备水压试验，非承压管道系统和设备灌水试验的技术要求应按《建筑给水排水及采暖工程施工质量验收规范》GB 50242 的相关规定执行。喷水灭火系统喷头密封性能试验，报警阀渗漏试验的技术要求应按《自动喷水灭火系统施工及验收规范》GB 50261 的相关规定执行。风管强度、严密性试验的技术要求应按《通风与空调工程施工质量验收规范》GB 50243 的相关规定执行。

8　内部装修施工与验收

8.1　一般规定

8.1.1　装配式内装修部品应提高集成化、模块化、标准化程度和施工装配效率以及使用维护的便利性。

8.1.2　装配式内装修部品制造企业应建立完整的技术标准体系以及质量、职业健康安全与环境管理体系。

8.1.3　装配式内装修部品制造企业应对检验合格的部品出具合格证明文件，并应保证部品质量的可追溯性。

8.2　内部装修施工

8.2.1　装配式钢结构建筑的内装系统安装应在主体结构工程质量验收合格后进行，并对房间净高、洞口标高和吊顶内管道、设备及其支架的标高进行检验，形成检验记录。

8.2.2　装配式钢结构建筑内装系统安装应符合现行国家标准《建筑装饰装修工程质量验收规范》GB 50210和《住宅装饰装修工程施工规范》GB 50327等的规定，并应满足绿色施工要求。内装部品施工前，应做好下列准备工作：

1　安装前应进行设计交底；

2　应对进场部品进行检查，其品种、规格、性能应满足设计要求和符合国家现行标准的有关规定，主要部品应提供产品合格证书或性能检测报告；

3　在全面施工前应先施工样板间，样板间应经设计、建设及监理单位确认。

【条文说明】本条规定了内装部品安装前的施工准备工作。在全面施工前，先进行样板间的施工，样板间施工中采用的材料、施工工艺以及达到的装饰效果应经过设计、建设及监理单位确认。

8.2.3 安装过程中应进行隐蔽工程检查和分段(分户)验收,并形成检验记录。

8.2.4 对钢梁、钢柱的防火板包覆施工应符合下列规定:

1 支撑件应固定牢固,防火板安装应牢固稳定,封闭良好,防火板表面应洁净平整;

2 分层包覆时,应分层固定,相互压缝,防火板接缝应严密、顺直,边缘整齐;

3 采用复合防火保护时,填充的防火材料应为不燃材料,且不得有空鼓、外露。

8.2.5 装配式吊顶部品安装应符合下列规定:

1 吊顶龙骨与主体结构应固定牢靠;

2 超过 3 kg 的灯具、电扇及其他设备应设置独立吊挂结构;

3 饰面板安装前应完成吊顶内管道管线施工,并应经隐蔽验收合格。

【条文说明】超过 3 kg 的灯具及电扇等有动荷载的物件,均应采用独立吊杆固定,严禁安装在吊顶龙骨上。吊顶板内的管线、设备在饰面板安装之前应作为隐蔽项目,调试验收完应做记录。

8.2.6 架空地板部品安装应符合下列规定:

1 安装前应完成架空层内管线敷设,并应经隐蔽验收合格;

2 当采用地板辐射供暖系统时,应对地暖加热管进行水压试验并隐蔽验收合格后铺设面层。

【条文说明】对本条作如下说明。

1 架空层内的给水、中水、供暖管道及电路配管,应严格按照设计路由及放线位置敷设,以避免架空地板的支撑脚与已敷设完毕的管道打架;同时便于后期检修及维护。

2 宜在地暖加热管保持水压的情况下铺设面层,以及时发现铺设面层时对已隐蔽验收合格的管道产生破坏。

8.2.7 集成式卫生间部品安装前应先进行地面基层和墙面防水处理,并做闭水试验。

【条文说明】集成卫生间安装前,应先进行地面基层和墙面的防水处理,防水处理施工及质量控制可按照现行国家标准《住宅装饰装修工程施工规范》GB 50327 中防水工程的规定执行。

8.2.8 集成式厨房部品安装应符合下列规定:

1 橱柜安装应牢固,地脚调整应从地面水平最高点向最低点,或从转角向两侧调整;

2 采用油烟同层直排设备时，风帽应安装牢固，与外墙之间的缝隙应密封。

【条文说明】当采用油烟同层直排设备时，风帽管道应与排烟管道有效连接。风帽不应直接固定于外墙面，以避免破坏外墙保温系统。

8.3 内部装修验收

8.3.1 内装工程验收应符合下列规定：

1 对住宅建筑内装工程应进行分户质量验收、分段竣工验收；

2 对公共建筑内装工程应按照功能区间进行分段质量验收。

【条文说明】 对本条作如下说明。

1 分户质量验收，即“一户一验”，是指住宅工程在按照国家有关规范、标准要求进行工程竣工验收时，对每一户住宅及单位工程公共部位进行专门验收；住宅建筑分段竣工验收是指按照施工部位，某几层划分为一个阶段，对这一个阶段进行单独验收。

2 公共建筑分段质量验收是指按照施工部位，某几层或某几个功能区间划分为一个阶段，对这一个阶段进行单独验收。

8.3.2 装配式内装系统质量验收应符合国家现行标准《建筑装饰装修工程质量验收规范》GB 50210、《建筑轻质条板隔墙技术规程》JGJ/T 157 和《公共建筑吊顶工程技术规程》JGJ345 等的有关规定。

8.3.3 室内环境的验收应在内装工程完成后进行，并应符合现行国家标准《民用建筑工程室内环境污染控制规范》GB 50325 的有关规定。

8.3.4 装配式隔墙工程应对下列隐蔽工程项目进行验收：

1 骨架隔墙中设备管线的安装及水管试压；

2 预埋件或拉结筋；

3 龙骨安装；

4 填充材料的设置。

【条文说明】 轻质隔墙工程中的隐蔽工程施工质量是这一分项工程质量的重要组成部分。本条规定了轻质隔墙工程中的隐蔽工程验收内容，其中设备管线安装的隐蔽工程验收属于设备专业施工配合的项目，要求在骨架隔墙封面板前，对骨架中设备管线的安装进行隐蔽工程验收，隐蔽工程验收合格后才能封面板。

8.3.5 民用建筑装配式隔墙工程的隔声性能应按《民用建筑隔声设计规范》GB 50118 及现行国家标准的规定进行验收。

8.3.6 饰面板工程应对室内用花岗石板的放射性进行复验。

8.3.7 饰面板工程应对下列隐蔽工程项目进行验收：

1 预埋件(或后置埋件)；

2 龙骨安装；

3 连接节点；

4 防水、保温、防火节点。

8.3.8 吊顶工程应对下列隐蔽工程项目进行验收：

1 吊顶内管道、设备的安装及水管试压、风管严密性检验；

2 基层龙骨体系、后置接口等模块的安装检验。

【条文说明】为了既保证吊顶工程的使用安全,又做到竣工验收时不破坏饰面,吊顶工程的隐蔽工程验收非常重要,本条所列各款均应提供由监理工程师签名的隐蔽工程验收记录。

8.3.9 内门窗工程应对下列材料及其性能进行复验：

1 人造木门的甲醛释放量；

2 窗户的气密性能、水密性能和抗风压性能。

8.3.10 内门窗工程应对下列隐蔽工程项目进行验收：

1 预埋件和锚固件；

2 隐蔽部位的防腐和填嵌处理。

8.3.11 内门窗安装前,应对门窗洞口尺寸及相邻洞口位置偏差进行检验。

【条文说明】本条规定了安装门窗前应对门窗洞口尺寸进行检查,除检查单个门窗洞口尺寸外,还对成排或成列的门窗洞口进行拉通线检查。若相邻的上下左右洞口中线偏差过大,会影响建筑的整体美观性。

8.3.12 推拉门窗扇必须牢固,必须安装防脱落装置。

【条文说明】没有安装防脱落装置的推拉门窗扇容易脱落,危及安全。为了保证推拉门窗安装后使用的安全性,特将本条作为强制性条文。

9 包装、运输及堆放

9.1.1 构件部品出厂前应进行包装,保障构件部品在运输及堆放过程中不破损、不变形。

9.1.2 启运前宜做好防尘、防水、防雨包装。

9.1.3 对超高、超宽、形状特殊的大型构件的运输和堆放应制订专门的方案,应符合国家及地方的相关规定。

9.1.4 选用的运输车辆应满足构件部品的尺寸、重量等要求,装卸与运输时应符合下列规定:

1 装卸时应采取保证车体平衡的措施;

2 应采取防止构件移动、倾倒、变形等的固定措施;

3 运输时应采取防止构件部品损坏的措施,对构件边角部或链索接触处宜设置保护衬垫。

【条文说明】本条规定的建筑部品部件的运输尺寸包括外形尺寸和外包装尺寸,运输时长度、宽度、高度和重量不得超过公路、铁路或海运的有关规定。

9.1.5 运送到施工现场的部件应当进行产品质量检查与检验,并对照工厂交付文件和产品进场验收文件做好记录,主要包括:

1 各个部件的产品生产验收合格文件;

2 部件类型、数量以及完工程度;

3 部件各个目视范围内的观感质量;

4 结构尺寸变形情况。

9.1.6 出厂检验合格的到场部件经现场交货检验合格后由现场监理签收和安装承建方共同签收。

9.1.7 堆放场地应平整、坚实,并按部品部件的保管技术要求采用相应的防雨、防潮、防暴晒、防污染和排水等措施。

9.1.8 构件支垫应坚实,垫块在构件下的位置宜与脱模、吊装时的起吊位置一致。

9.1.9 重叠堆放构件时,每层构件间的垫块应上下对齐,堆垛层数应根据构件、垫块的承载力确定,并应根据需要采取防止堆垛倾覆的措施。

【条文说明】9.1.7～9.1.9 对部件的堆放作出基本要求,以确保部件的成品质量、吊装安全。

9.1.10 构件部品堆放应符合下列规定:

1 堆放场地应平整、坚实,并按构件部品的保管技术要求采用相应的防雨、防潮、防暴晒、防污染和排水等措施;

2 构件支垫应坚实,垫块在构件下的位置宜与吊装时的起吊位置一致。

9.1.11 墙板运输与堆放应符合下列规定。

1 当采用靠放架堆放或运输时,靠放架应具有足够的承载力和刚度,与地面倾斜角度宜大于80°;墙板宜对称放置且外饰面朝外,墙板上部宜采用木垫块隔开;运输时应固定牢固。

2 采用叠层平放的方式堆放或运输时,应采取防止产生损坏的措施。

10 施工机械

10.1 一般规定

10.1.1 机械必须按照出厂使用说明书规定的技术性能、承载能力和使用条件，正确操作，合理使用，严禁超载作业或任意扩大使用范围。

10.1.2 机械上的各种安全防护装置及监测、指示、仪表、报警等自动报警、信号装置应完好齐全，有缺损时应及时修复。安全防护装置不完整或已失效的机械不得使用。

10.1.3 机械不得带缺陷运转。运转中发现不正常时，应先停机检查，排除故障后方可使用。

10.1.4 机械集中停放的场所，应有专人看管，并应设置消防器材及工具；大型内燃机械应配备灭火器；机房、操作室及机械四周不得堆放易燃、易爆物品。

10.1.5 操作人员应体检合格，无妨碍作业的疾病和生理缺陷，并应经过专业培训、考核合格取得建设行政主管部门颁发的操作证或公安部门颁发的机动车驾驶执照后，方可持证上岗。学员应在专人指导下进行工作。

10.1.6 操作人员在作业过程中，应集中精力正确操作，注意机械工况，不得擅自离开工作岗位或将机械交给其他无证人员操作。严禁无关人员进入作业区或操作室内。

10.1.7 操作人员应遵守机械有关保养规定，认真及时做好各级保养工作，经常保持机械的完好状态。

10.1.8 实行多班作业的机械，应执行交接班制度，认真填写交接班记录；接班人员经检查确认无误后，方可进行工作。

10.1.9 机械设备的噪声应控制在现行国家标准《建筑施工场界环境噪声排放标准》GB 12523 范围内，其粉尘、尾气、污水、固体废弃物排放应符合国家现行环保排放标准的规定。

10.1.10 露天固定使用的中小型机械应设置作业棚，作业棚应具有防雨、防晒、防物体打击功能。

10.2 起重吊装机械

10.2.1 操作人员在作业前必须对工作现场环境、行驶道路、架空电线、建筑物以及构件重量和分布情况进行全面了解。

10.2.2 现场施工负责人应为起重机作业提供足够的工作场地，清除或避开起重臂起落及回转半径内的障碍物。

10.2.3 各类起重机应装有音响清晰的喇叭、电铃或汽笛等信号装置。在起重臂、吊钩、平衡重等转动体上应标以鲜明的色彩标志。

10.2.4 起重吊装的指挥人员必须持证上岗，作业时应与操作人员密切配合，执行规定的指挥信号。操作人员应按照指挥人员的信号进行作业，当信号不清或错误时，操作人员可拒绝执行。

10.2.5 操纵室远离地面的起重机，在正常指挥发生困难时，地面及作业层(高空)的指挥人员均应采用对讲机等有效的通讯联络工具进行指挥。

10.2.6 在风速达到 9.0 m/s 及以上或大雨、大雪、大雾等恶劣天气时，严禁进行建筑起重机械的安装拆卸作业。在风速达到 12.0 m/s 及以上或大雨、大雪、大雾等恶劣天气时，应停止露天的起重吊装作业。重新作业前，应先试吊，并确认各种安全装置灵敏可靠后进行作业。

10.2.7 起重机的变幅指示器、力矩限制器、起重量限制器以及各种行程限位开关等安全保护装置，应完好齐全、灵敏可靠，不得随意调整或拆除。严禁利用限制器和限位装置代替操纵机构。

10.2.8 起重机作业时，起重臂和重物下方严禁有人停留、工作或通过。重物吊运时，严禁从人上方通过。严禁用起重机载运人员。

10.2.9 起吊重物应绑扎平稳、牢固，不得在重物上再堆放或悬挂零星物件。易散落物件应使用吊笼栅栏固定后方可起吊。

10.2.10 起吊载荷达到起重机额定起重量的 90% 及以上时，应先将重物吊离地面 200 mm ～ 500 mm 后，检查起重机的稳定性、制动器的可靠性、重物的平稳性、绑扎的牢固性，确认无误后方可继续起吊。对易晃动的重物应拴拉绳。

10.2.11 重物起升和下降速度应平稳、均匀，不得突然制动。左右回转应平稳，当回转未停稳前不得做反向动作。非重力下降式起重机,不得带载自由下降。

10.2.12 起重机使用的钢丝绳,其结构形式、规格及强度应符合该型起重机使用说明书的要求。

10.3 水平和垂直运输机械

10.3.1 运送超宽、超高和超长物件前,应制定妥善的运输方法和安全措施,并必须符合《建筑机械使用安全技术规程》JGJ 33—2001 的相关规定。

10.3.2 根据项目构件重量、大小、起重范围、起重高度选择合适的起重设备,常用的起重设备有汽车吊、塔吊、人货电梯。

10.3.3 水平和垂直运输机械与材料堆放场地应尽量近,减少二次搬运。

10.3.4 塔吊的起重范围应符合下列规定:

1 塔吊大臂旋转尽量覆盖建筑物;

2 塔吊大臂最远吊点起吊重量应与塔吊提升能力相匹配;

3 塔吊应尽量避开周围障碍物(如高压线、建筑物等)。

10.3.5 墙板起吊和就位过程应设置缆风绳,通过缆风绳引导墙板安装就位。

10.3.6 墙板与吊具的分离应在校准定位及临时支撑安装完成后进行。

10.4 焊接机械

10.4.1 焊接设备上的电器、内燃机、电机、空气压缩机等应有完整的防护外壳,一、二次接线柱处应有保护罩。

10.4.2 焊接操作及配合人员必须按规定穿戴劳动防护用品,并必须采取防止触电、高空坠落、瓦斯中毒和火灾等事故的安全措施。

10.4.3 现场使用的电焊机,应设有防雨、防潮、防晒的机棚,并应装设相应的消防器材。

10.4.4 电焊钳应有良好的绝缘和隔热能力。电焊钳握柄必须绝缘良好,握柄与导线连结应牢靠,接触良好,连结处应采用绝缘布包好并不得外露。

10.4.5 对承压状态的压力容器及管道、带电设备、承载结构的受力部位和装有易燃、易爆物品的容器严禁进行焊接和切割。

10.4.6 焊接铜、铝、锌、锡等有色金属时，应通风良好，焊接人员应戴防毒面罩、呼吸滤清器或采取其他防毒措施。

10.4.7 当需施焊受压容器、密封容器、油桶、管道、沾有可燃气体和溶液的工件时，应先消除容器及营道内压力，消除可燃气体和溶液，然后冲洗有毒、有害、易燃物质。

10.4.8 对存有残余油脂的容器，应先用蒸汽、碱水冲洗，并打开盖口，确认容器清洗干净后，再灌满清水方可进行焊接。在容器内焊接应采取防止触电、中毒和窒息的措施。焊、割密封容器应留出气孔，必要时在进、出气口处装设通风设备。

10.4.9 高空焊接或切割时，必须系好安全带，焊接周围和下方应采取防火措施，并应有专人监护。

11　建筑信息模型

11.1　一般规定

11.1.1　施工BIM应用的目标和范围应根据项目特点、合约要求及工程项目相关方BIM应用水平等综合确定。

【条文说明】项目的BIM应用目标和应用范围需要综合考虑外部环境和条件确定。本条提出项目特点、合约要求和工程项目相关方BIM应用水平可作为重点考量的环境和条件。

11.1.2　施工BIM应用宜覆盖包括工程项目施工实施、竣工验收等的施工全过程，也可根据工程项目实际需要应用于某些环节或任务。

【条文说明】工程项目全过程、多参与方综合应用是未来发展方向，在具体项目中应根据实际环境酌情制定BIM应用策划并实施，相关规定在《建筑信息模型施工应用标准》标准第3章、第4章给出。

施工BIM应用是深化设计BIM应用、施工模拟BIM应用、预制加工BIM应用、进度管理BIM应用、预算与成本管理BIM应用、质量与安全管理BIM应用、施工监理BIM应用、竣工验收BIM应用等的统称。

每项施工BIM应用的条文均包括3个方面：应用内容、模型元素、交付成果和软件要求。“应用内容”部分给出宜应用BIM技术的专业任务以及典型应用流程；“模型元素”给出具体BIM应用的模型元素及信息；“交付成果和软件要求”给出BIM应用宜交付的成果，以及相应BIM应用软件宜具备的专业功能。上述内容在制定BIM应用策划和选择BIM应用软件时可参考。

11.1.3　施工BIM应用应事先制定施工BIM应用策划，并遵照策划进行BIM应用的过程管理。

【条文说明】项目BIM应用也是工程任务的一部分，应该遵循PD-CA（计划Plan、执行Do、检查Check、行动Action）过程控制和管理方法，因此制定BIM应用策划应该是BIM应用的第一步，并通过后期BIM应用过程管理逐步完善和提升。

BIM应用策划作为项目整体计划的一部分，应与项目整体计划协调一致。

11.1.4 模型质量控制措施应包括下列内容:

1 模型与工程项目的符合性检查;

2 不同模型元素之间的相互关系检查;

3 模型与相应标准规定的符合性检查;

4 模型信息的准确性和完整性检查。

【条文说明】模型应符合的标准包括建模标准、细度标准以及各类工程专业标准。

11.1.5 工程项目相关方宜结合 BIM 应用阶段目标及最终目标,对 BIM 应用效果进行定性或定量评价,并总结实施经验,提出改进措施。

【条文说明】BIM 应用效果评价方法可分为定性评价和定量评价两种。

定性评价:将 BIM 应用成果,从性质属性上进行评价,说明其对项目管理目标、项目管理的过程影响。对于工程质量的影响,一般可采用定性评价的方法。

定量评价:按照通常的经验预估和计量 BIM 应用成果,比对若未使用 BIM 和使用 BIM 后的差异。对于成本和工期的影响,一般可采用定量评价的方法。

11.2 建筑信息模型

11.2.1 施工模型可包括施工过程模型和竣工验收模型,其模型细度应满足施工过程和竣工验收等任务的要求。

11.2.2 施工模型宜满足下述要求。

1 按统一的规则和要求创建。当按专业或任务分别创建时,各模型应协调一致,并能够集成应用。

2 模型创建宜采用统一的坐标系、原点和度量单位。当采用自定义坐标系时,应通过坐标转换实现模型集成。

【条文说明】在具体的工程项目中,各专业间如何确定 BIM 应用的协同方式,选择会是多种多样的,例如各专业形成各自的中心文件,最终以链接或集成各专业中心文件的方式形成最终完整的模型;或是其中某些专业间采用中心文件协同,与其他专业以链接或集成方式协同等,不同的项目需要根据项目的大小、类型和形体等情况来进行合适的选择。

不管施工模型创建采用集成模型还是分散模型的方式,项目施工模型都宜采用全比例尺和统一的坐标系、原点、度量单位。

11.2.3 模型元素信息宜包括下列内容：

1 尺寸、定位、空间拓扑关系等几何信息；

2 名称、规格型号、材料和材质、生产厂商、功能与性能技术参数，以及系统类型、施工段、施工方式、工程逻辑关系等非几何信息。

11.2.4 施工模拟前应确定BIM应用内容、BIM应用成果分阶段或分期交付计划，并应分析和确定工程项目中需基于BIM进行施工模拟的重点和难点。

11.2.5 在施工组织模拟BIM应用中，可基于施工图设计模型或深化设计模型和施工图、施工组织设计文档等创建施工组织模型，并将工序安排、资源配置和平面布置等信息与模型关联，输出施工进度、资源配置等计划，指导和支持模型、视频、说明文档等成果的制作与方案交底等。具体详见《建筑信息模型施工应用标准》GB/T 51235。

【条文说明】在项目投标阶段上游模型可为施工图设计模型；在施工阶段上游模型优先选择深化设计模型，若没有深化设计模型可选择施工图设计模型。

11.2.6 在施工工艺模拟BIM应用中，可基于施工组织模型和施工图创建施工工艺模型，并将施工工艺信息与模型关联，输出资源配置计划、施工进度计划等，指导模型创建、视频制作、文档编制和方案交底等。具体详见《建筑信息模型施工应用标准》GB/T 51235。

11.2.7 在钢结构构件加工BIM应用中，可基于深化设计模型和加工确认函、变更确认函、设计文件创建钢结构构件加工模型，基于专项加工方案和技术标准完成模型细部处理，基于材料采购计划提取模型工程量，基于工厂设备加工能力、排产计划及工期和资源计划完成预制加工模型的批次划分，基于工艺指导书等资料编制工艺文件，并在构件生产和质量验收阶段形成构件生产的进度信息、成本信息和质量追溯信息。

【条文说明】通过对钢结构深化设计模型的管理，对施工图纸信息进行共享；通过制定工艺方案并与预制加工模型进行关联，对工艺方案信息进行共享；通过从深化设计模型中提取材料信息，编制材料需求方案并将原材料信息、质量信息、物流信息、使用信息等关联到预制加工模型中，对材料信息进行共享；通过直接从预制加工模型中提取加工信息，并使用专业的计算机辅助软件生成相关数控工艺文件，借助已有的数控设备（或外部辅助手段）对加工信息进行提取，通过预制加工模型记录施工过程信息，实现施工过程的追溯管理；通过对深化设计模型信息的不断丰富，逐步丰富预制加工模型信息，为钢结构构件加工服务。

11.2.8 在进度计划编制BIM应用中，可基于项目特点创建工作分解结构，并编制进度计划；可基于深化设计模型创建进度管理模型,基于定额完成工程量估算和资源配置、进度计划优化,并通过进度计划审查。

【条文说明】首先,对工程任务进行WBS分解,编制计划;对深化设计后的模型通过将模型中构件信息与任务节点关联创建进度管理模型;通过模型可以导出工程量,引入定额进行工程量与资源分析,优化进度计划;结合工期关键节点等信息对优化后的进度计划进行审查,如不满足要求则需重新优化,直至通过审查。

11.2.9 在进度控制BIM应用中,应基于进度管理模型和实际进度信息完成进度对比分析,并应基于偏差分析结果更新进度管理模型。

【条文说明】进度控制BIM应用是以进度管理模型为基础,将现场实际进度信息添加或连接到进度管理模型,通过BIM软件的可视化数据(表格、图片、动画等形式)进行比对分析。一旦发生延误,可根据事先设定的阈值进行预警。

11.2.10 在施工图预算BIM应用中,宜基于施工图设计模型创建施工图预算模型,基于清单规范和消耗量定额确定工程量清单项目,输出招标清单项目、招标控制价或投标清单项目及投标报价单。

【条文说明】施工图预算BIM应用的目标是通过模型元素信息自动化生成、统计出工程量清单项目、措施费用项目,依据清单项目特征、施工组织方案等信息自动套取定额进行组价,按照国家与地方规定记取规费和税金等,形成预算工程量清单或报价单。其中,消耗量定额也包括企业等内部定额。

在施工图预算中,模型不能自动生成工程量清单编码,无法做到工程量清单项目统计。措施费项目与施工图预算模型不发生直接关系,更无法统计,需借助其他软件或插件,在模型元素实体量的基础上进行系数运算等计量。

11.2.11 在成本管理BIM应用中,宜基于深化设计模型或预制加工模型,以及清单规范和消耗量定额创建成本管理模型,通过计算合同预算成本和集成进度信息,定期进行三算对比、纠偏、成本核算、成本分析工作。

11.2.12 在质量管理BIM应用中,宜基于深化设计模型或预制加工模型创建质量管理模型,基于质量验收标准和施工资料标准确定质量验收计划,进行质量验收、质量问题处理、质量问题分析工作。

【条文说明】质量管理BIM应用应遵循现行国家标准《质量管理体系要求》GB/T 19001的原则,通过PDCA循环持续改进质量管理水平。

11.2.13 在安全管理BIM应用中,宜基于深化设计或预制加工等模型创建安全管理模型,基于安全管理标准确定安全技术措施计划,采取安全技术措施,处理安全隐患和事故,分析安全问题。

【条文说明】安全管理BIM应用应遵循现行国家标准《职业健康安全管理体系》GB/T 28001要求的原则,通过PDCA循环持续改进职业健康安全管理水平。

11.2.14 施工监理控制中的质量、造价、进度控制，以及工程变更控制和竣工验收等宜应用 BIM，并将监理控制的过程记录附加或关联到相应的施工过程模型中，将竣工验收监理记录附加或关联到竣工验收模型中。

11.2.15 竣工验收模型应在施工过程模型上附加或关联竣工验收相关信息和资料，其内容应符合现行国家标准《建筑工程施工质量验收统一标准》GB 50300 和现行行业标准《建筑工程资料管理规程》JGJ/T 185 等的规定。

【条文说明】竣工验收模型应由分部工程质量验收模型组成，分部工程质量验收模型应由该分部工程的施工单位完成，并确保接收方获得准确、完整的信息。

竣工验收资料宜与具体模型元素相关联，方便快速检索，如无法与具体的模型元素相关联，可以虚拟模型元素的方式设置链接。竣工验收资料应优先满足国家现行标准《建筑工程施工质量验收统一标准》GB 50300和《建筑工程资料管理规程》JGJ/T 185的要求，也应符合相关地方建筑工程资料管理要求。

11.2.16 在竣工验收 BIM 应用中，应将竣工预验收与竣工验收合格后形成的验收信息和资料附加或关联到模型中，形成竣工验收模型。

12 使用和维护

12.1 一般规定

12.1.1 装配式钢结构建筑的设计文件应注明设计条件、使用性质及使用环境。

【条文说明】建筑的设计条件、使用性质及使用环境，是建筑设计、施工、验收、使用和维护的基本前提，建筑的使用荷载和装饰装修的改变，会影响建筑结构的安全。

12.1.2 建设单位将装配式钢结构建筑工程移交物业时，应提供《建筑质量保证书》，保证书除应按现行有关规定执行外，尚应注明相关部品部件的保修期限和保修承诺。

【条文说明】当建筑使用性质为住宅时，要求提供《住宅质量保证书》，其中应当列明工程质量监督单位校核的质量等级、保修范围、保修期和保修单位等内容，并按约定承担保修责任，本条针对装配式钢结构建筑的特点，提出了相关部品部件的质量要求。

12.1.3 建设单位将装配式钢结构建筑工程移交物业时，应按国家有关规定的要求提供《建筑使用说明书》，说明书应包含下述内容：

1 设计单位、施工单位、构件生产单位；

2 主体结构使用年限、结构体系、承重结构位置、使用荷载、装修荷载、使用要求、检查和维护要求；

3 外围护系统的基层墙体、连接件、外墙饰面、防水层、保温及密封材料的使用年限及维护周期等相关注意事项；

4 设备与管线的系统组成、特性规格、部品寿命、维护要求、使用说明等；

5 建筑部品部件生产厂、供应商提供的产品使用维护说明书，主要部品部件宜注明合理的检查和使用维护年限；

6 内装系统做法、部品寿命、维护要求、使用说明等；

7　二次装修、改造的注意事项，应包含允许业主或使用者自行变更的部分与禁止部分；

8　其他需要说明的问题。

【条文说明】当建筑使用性质为住宅时，要求提供《住宅使用说明书》，告知业主安全合理使用的相关事项，以保证装配式钢结构建筑的功能性、安全性和耐久性。

12.1.4　建设单位应当在交付销售物业之前，制定临时管理规约，除应满足相关法律法规要求外，尚应满足设计文件和《建筑使用说明书》的有关要求。

【条文说明】沿用国家标准。

根据《物业管理条例》的规定，建设单位应当在交付物业之前，制定临时管理规约，对有关物业的使用、维护、管理，业主的共同利益，业主应当履行的义务，违反管理规约应当承担的责任等事项依法作出约定。

12.1.5　建设单位移交相关资料后，业主与物业服务企业应按相关法律法规要求共同制定物业管理规约，制定《检查与维护更新计划》，并在使用过程中，根据检查和维修的情况，对检查结果和维护过程作出详细、准确的记录，建立装配式钢结构建筑检查和维护的技术档案。

【条文说明】本条对装配式钢结构建筑在使用过程中的检查和围护计划及技术档案的编制要求进行了规定。

12.1.6　装配式钢结构建筑遇地震、火灾等灾害后应对建筑进行全面检查，视破损程度进行维修。

【条文说明】地震或火灾后，物业服务企业应对建筑进行全面检查，必要时应提交房屋质量检测机构进行评估，并采取相应的维修措施。

12.1.7　装配式钢结构建筑的使用和维护宜采用 BIM 信息化手段，建立建筑、结构、设备与管线的管理档案。

【条文说明】本条是在条件允许时将建筑信息化模型手段用于建筑服务期的使用和维护的要求。

12.2　使用要求

12.2.1　使用过程中不应随意改变建筑使用条件、使用性质及使用环境。

【条文说明】建筑使用条件、使用性质及使用环境与建筑设计使用年限内的安全性、适用性和耐久性密切相关，不得擅自改变。

12.2.2　装配式钢结构建筑的室内二次装修、改造和使用过程中，不应损伤主体钢结构及需保留的墙体与主体钢结构的连接件。

【条文说明】为确保主体钢结构的可靠性，在建筑的室内二次装修、改造和使用过程中，不应对主体钢结构进行切割、开孔等损伤主体钢结构的行为。

12.2.3 建筑使用过程中发生以下情况之一，应按有关规定对建筑进行评估，经原设计单位或具有相应资质的设计单位进行设计复核并按设计规定的技术要求进行施工及验收。

1 超过原设计文件规定的楼地面装修或使用荷载；

2 变更结构布局、拆除受力构件；

3 改变或损坏主体钢结构防火、防腐的相关防护及构造措施；

4 改变或损坏建筑节能保温、外墙及楼屋面防水构造措施。

【条文说明】国内外钢结构建筑的使用经验表明，在正常使用和维护条件下，主体结构在设计使用年限内一般不存在耐久性问题。但建筑保温、外墙防水等构造措施破坏会导致钢结构结露、渗水受潮，以及防腐措施的破坏会加剧钢结构的腐蚀。防火保护措施的破坏则会影响钢结构建筑在火灾工况下的安全性。

12.2.4 建筑二次装修、改造中改动卫生间、厨房、阳台防水层的，应按现行相关防水标准制定设计、施工技术方案，并进行闭水试验。

12.3 检查及监测要求

12.3.1 装配式钢结构建筑工程竣工使用2年时，宜进行全面检查；此后根据当地气候特点、建筑使用功能等，宜每隔3～5年进行检查。

【条文说明】装配式钢结构建筑竣工验收后需进行检查和监测的年限尚无统一规定，本条为建议性条款，具体检查年限可由建设单位或业主与物业管理单位商量确定。

12.3.2 装配式钢结构建筑的检查包括使用环境检查、外观检查和系统检查：

1 使用环境检查：检查建筑的室外标高变化、排水沟、管道、虫蚁洞穴等情况；

2 外观检查：检查建筑装饰面层老化破损、外墙渗漏、天沟、檐沟、雨水管道、防水设施等情况；

3 系统检查：检查钢结构组件、组件内和组件间连接、屋面防水系统、给排水系统、电气系统、暖通系统、空调系统的安全和使用状况。

【条文说明】装配式钢结构建筑竣工验收后需进行检查和监测的内容尚无统一规定,本条为建议性条款。

12.3.3 装配式钢结构建筑的检查重点宜包括:

1 主体钢结构构件及连接损伤、钢结构锈蚀、钢结构防火保护损坏等可能影响主体结构安全性和耐久性的内容;

2 外围护墙体外观、连接件锈蚀、固定螺钉松动和脱落、墙面裂缝及渗水、保温层破坏、密封材料的完好性、屋面防水损坏和受潮等情况;

3 水泵房、消防泵房、电机房、电梯、电梯机房、中控室、锅炉房、管道设备间、配电间(室)等公共部位的设备及管线;

4 消防设备的有效性和可操控性情况。

【条文说明】本条是对装配式钢结构建筑的检查重点做出的规定。

12.3.4 装配式钢结构建筑的检查宜采用目测观察或手动检查。发现隐患时应优先选用其他无损或微损检测方法进行深入检测,并应由具有相关资质的单位进行。

【条文说明】本条是对装配式钢结构建筑的检查方式做出的规定。

12.4 维护要求

12.4.1 装配式钢结构建筑宜建立易损部品部件备用库,保证维护的有效性和实效性。

12.4.2 对于检查项目中不符合要求的内容,应先组织实施一般维修。一般维修包括:

1 修复异常的主体钢构件及连接;

2 修复受损外墙及屋面结构、防水及保温系统;

3 对各种已损和已老化的设备管线系统零部件进行更换或修复;

4 更换异常消防设备。

12.4.3 对于一般维修无法修复的,应组织具有相应资质的单位进行维修、加固和修复。

【条文说明】对装配式钢结构建筑的一般修复进行了规定。

12.4.4 对智能化系统的维护应符合现行国家标准的规定,涉及专业维护时应由物业服务企业委托专业单位进行日常维护和管理,并提供专业的设备管理与维护方案。

附录 A 钢结构梁柱连接新型节点

A.0.1 钢结构梁柱刚性节点常用的有栓焊混合节点、全螺栓连接、全焊接。为提高钢结构现场施工效率，建议采用“互”形装配式梁柱连接节点或“上焊下栓”装配式梁柱连接节点。

A.0.2 “互”形装配式梁柱连接节点形式如图 A.0.2，节点设计时，建议悬臂梁未拼接长度取 1.5 倍的悬臂梁梁高，同时符合运输的限度要求；翼缘拼接板的厚度比翼缘厚度多 2 mm ~ 4 mm，宽度比翼缘宽 30 mm ~ 50 mm。

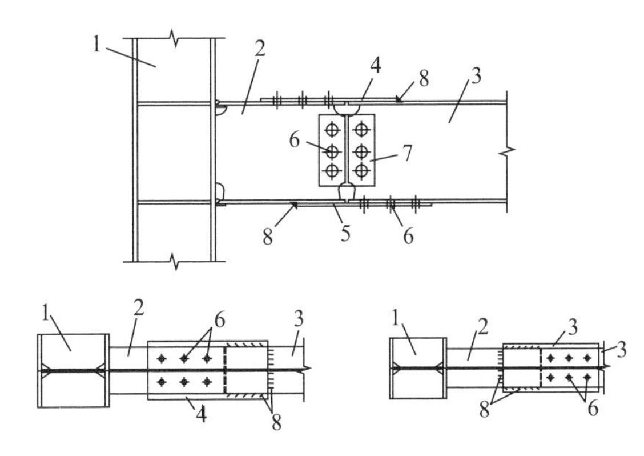

图 A.0.2 “互”形装配式梁柱连接节点

1—— 框架柱；2—— 悬臂梁；3—— 框架梁；4—— 上翼缘拼接板；5—— 下翼缘拼接板；6—— 高强螺栓；7—— 腹板拼接板；8—— 焊缝

A.0.3 “上焊下栓”装配式梁柱连接节点形式如图 A.0.3 所示，节点设计时，建议悬臂梁拼接长度取 1.5 倍的悬臂梁梁高，同时符合运输的限度要求；翼缘拼接板截面面积是翼缘截面面积的 2/3 ~ 4/3 倍；翼缘螺栓数为翼缘等强设计螺栓数的 2/3 ~ 4/3 倍。

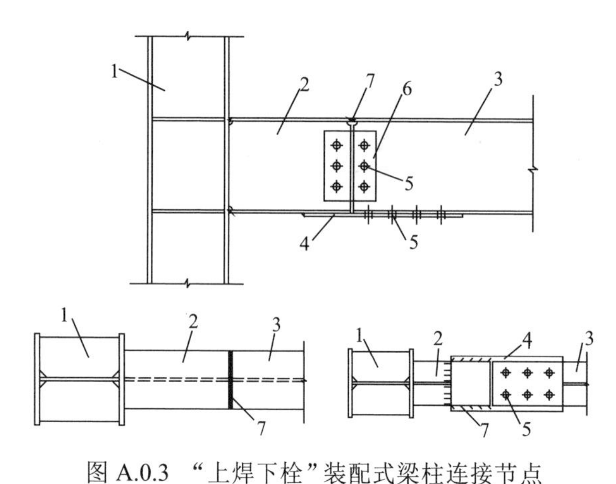

图 A.0.3 “上焊下栓”装配式梁柱连接节点

1——框架柱；2——悬臂梁；3——框架梁；4——下翼缘拼接板；5——螺栓；6——腹板拼接板；7——焊缝

参考文献

1. 郁有升，张孝栋，于志军 .“互”形装配式节点受力性能的有限元研究 [J]. 建筑钢结构进展，2018，20（4）：58-66+74.

2. 杨文秀，郁有升，张海宾 . 钢框架翼缘加强互形装配式节点力学性能研究 [J]. 建筑钢结构进展，2021，23（8）：105-112.

3. 郁有升，袁鹏程，王胜 . 梁柱“上焊下栓”节点受力性能 [J]. 建筑科学与工程学报，2019，36（5）：106-118.

4. 郁有升，袁鹏程，刘鑫宇，王胜 . 梁柱“上焊下栓”节点耗能机理有限元分析 [J]. 沈阳建筑大学学报（自然科学版），2019，35（3）：428-436.

5. Yu Y S, Liu X Y. Finite element analyses on energy dissipation capacity of upper flange welded-lower flange bolted beam-column connection with slotted holes[J]. Journal of Asian Architecture and Building Engineering, 2020, 19（4）：315-326.

6. Yu Y S, Zhang A J, Pan W, Mou B, Liu X Y. Seismic performance of beam-column connections with welded upper flange and bolted lower flange [J]. Journal of Construc-tional Steel Research, 2021, 182.

附录 B　外挂围护墙板与主体结构连接节点

B.0.1　为避免人工作业误差、保证建筑质量及生产效率、防止冷桥效应，装配式钢结构建筑中的围护墙板宜采用外托挂安装方式，围护墙板与主体结构连接节点见图 B.0.1 及《19CJ85-1：装配式建筑蒸压加气混凝土板围护系统》；螺栓建议采用高强螺栓，长圆孔长为 2 倍的螺栓直径。

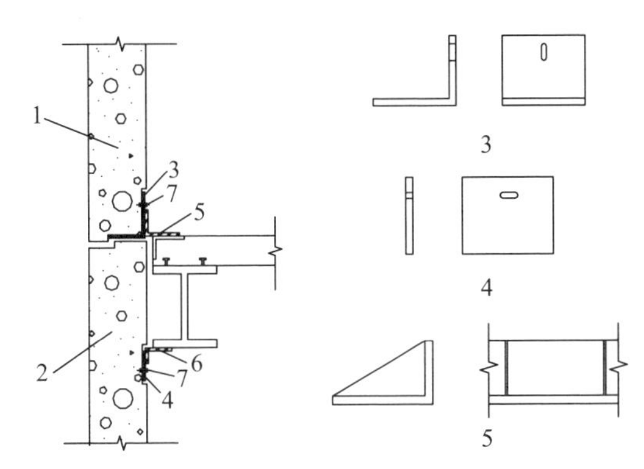

图 B.0.1　围护墙板与主体结构连接节点

1——上部围护墙板；2——下部围护墙板；3——上墙板托件；4——下墙板托件；5——加劲通长角钢；6——角钢；7——高强螺栓

B.0.2　为调整制作误差，便于安装，在专用托件上设置竖向长圆孔。

B.0.3　为防止因大变形作用，外挂围护墙板脱落，在专用连接件设置横向长圆孔。

附录 C　内隔墙板防开裂措施

C.0.1　填充墙与框架之间采用柔性连接可以延缓填充墙在侧向荷载作用下的开裂，其中柔性连接应满足 A 级防火要求。为削弱填充墙对框架的受力影响，建议采用钢框架内嵌Ⅰ型缝条板填充墙、钢框架内嵌两侧带缺口条板填充墙及钢框架内嵌角部缺口条板填充墙。

C.0.2　钢框架内嵌Ⅰ型缝条板填充墙如图 C.0.2 所示，Ⅰ型缝内柔性连接建议 30 mm。

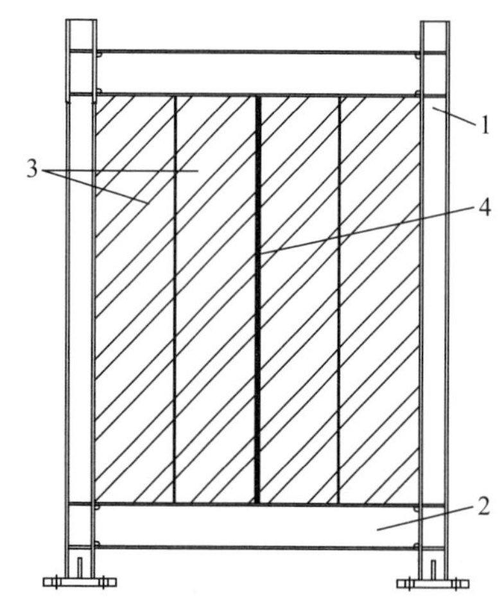

图 C.0.2　钢框架内嵌Ⅰ型缝条板填充墙

1——框架柱；2——框架梁；3——条板；4——柔性连接

C.0.3　钢框架内嵌两侧带缺口条板填充墙如图 C.0.3 所示，Ⅰ型缝内柔性连接建议 30 mm。

C.0.4　钢框架内嵌角部缺口条板填充墙如图 C.0.4 所示，建议圆弧缺口的弧长 s 为 $\pi l/2$，半径 l 为 AAC 砌体填充墙高度 H 的（1/10 ~ 1/7）倍，即 l=（1/10 ~ 1/7）H。

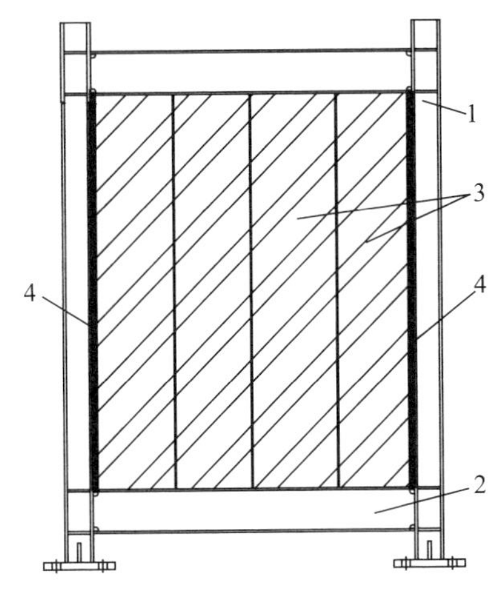

图 C.0.3　钢框架内嵌两侧带缺口条板填充墙

1——框架柱；2——框架梁；3——条板；4——柔性连接

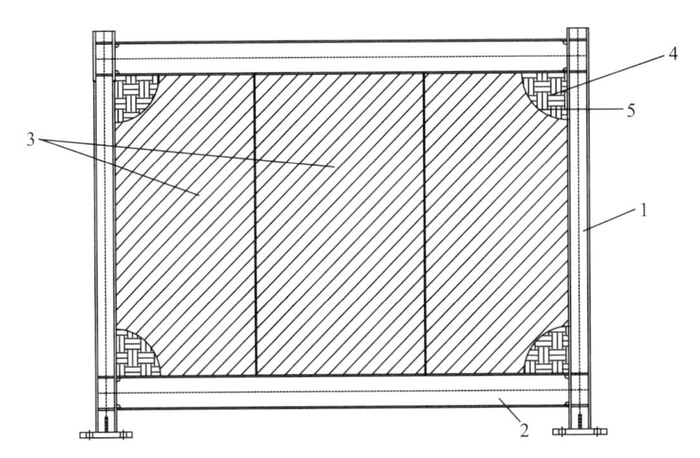

图 C.0.4　钢框架内嵌角部缺口条板填充墙

1——框架柱；2——框架梁；3——条板；4——柔性材料；5——角部圆弧缺口

参考文献

1. 郁有升，雷鸣，梅灿．Ⅰ型缝 CCA 板填充墙钢框架试验和有限元分析 [J]. 建筑钢结构进展，2019，21（1）：36–44.

2. 郁有升，梅灿，雷鸣，袁鹏程 .CCA 内嵌 EPS 混凝土填充墙钢框架结构受力性能试验研究及有限元分析 [J]. 建筑结构学报，2019，40（6）：89–98.

3. 郁有升，梅灿，雷鸣．内嵌 CCA 板填充墙对钢框架结构受力性能的影响 [J]. 建筑科学与工程学报，2018，35（3）：63–70.

4. Yu Y S., Guo Y N, Mei C. Mechanical behavior of CCA wall infilled steel frames with preset vertical slits.KSCE J Civ Eng, 2021, 25: 3852–3865.

附录D 智能建造

D.0.1 智能建造是把智能技术与先进的建造技术深度融合的一种新的建造模式。今后,建筑业朝融合基建发展,利用智能技术将给建筑行业带来一系列的变革——产品形态的数字化、经营理念的服务化、市场形态的平台化,以及建造方式的工业化、行业治理的现代化。

D.0.2 智慧建造技术体系分为四个阶层:

1 新材料、信息通讯技术和生物技术等通用技术,该阶层为基础技术,是上层技术的支撑技术,为更高级的技术提供技术支持;

2 传感器、工业机器人等智能建造装备和方法,该阶层为设备、设施技术,使建筑在施工过程中更加智能化;

3 智能建造装备的智能工厂,该阶层将建筑的一些构件放到工厂里,通过智能建造技术和智能装备将建筑构件更快更好地制作完成;

4 数字物理系统或产业互联网,该阶层为系统层面的应用。

智能建造技术应用

D.1.1 将自动化定位跟踪技术引入施工监控管理领域,并且针对多种不同自动化定位跟踪技术的属性特点和不同领域的需求,为技术选择提供决策支持,同时提供科学的监控管理方法。

D.1.2 条形码技术可以应用于施工现场建筑材料的跟踪,方便管理者加强对材料的管理,减少浪费;还可以用条形码制成施工人员的工作卡,方便对现场工作人员的控制和管理。

D.1.3 采用RFID(无线射频识别技术)和无线传感器网络技术,在关键控制点布置传感器,监测各控制点的状态信息,如垂直度、位移、荷载、应力等,然后将监控信息发送到“安全分析与预警”模块进行安全分析。

D.1.4 综合利用运筹学、数理逻辑学以及人工智能等技术手段进行建筑施工现场管理的方法。目前,基于C/S环境架构研发的建筑企业工地管理应用系统,涵盖了工地管理的方方面面,主要包括员工管理模块、分包合同管理模块、固定资产管理模块、供应商管理模块和财务管理模块、施工日志管理模块、员工考勤管理模块,与工资挂钩细化了对分包商和供应商的管理,更加有效地控制材料进出,供应商和分包商以及员工的管理真正实现了工地物流、资金流和业务流三流合一。

D.1.5 人工神经网络的结构系统辨识方法,利用模糊神经网络强大的非线性映射能力与学习能力,以实测的结构动力响应数据建立起结构的动力特性模型。模糊神经网络可以非常精确地预测结构在任意动力荷载作用下的动力响应,因此可以用于结构振动控制与健康诊断中,同时还可以随时加入其他辨识方法总结出的规则,且可以做成硬件实现,具有很强的可扩展性与实用性。

D.1.6 虚拟现实技术可对工程结构在各种荷载作用下的反应进行应用,简化了实施试验的器材和时间,并且能够反复操作,模拟传统的力学试验无法实现的环境条件。

D.1.7 虚拟现实技术可模拟工程施工工作,由高度智能化的系统为工程作出施工方案预览,并计算出实施该方案的成本,为施工单位报价提出有力参考;可以避免施工过程中出现错误影响整个工程效率和质量。

D.1.8 应用虚拟现实技术进行高效的工厂测量,通过计算机模拟平台操作,全面高效地管理测量数据,并作出分析。通过数据分析,系统能够发现测量中的错误,并纠正误差,大大提高了测量的效率,节约了时间成本和人工成本。

D.1.9 虚拟现实技术应用于工程管理方面,管理人员不用亲赴施工现场,仅在计算机平台就可以对施工现场的人员考勤进行明细查看,同时通过视频监控,检查相关人员是否上岗前严格遵守安全规范。此外,管理人员还能根据数据分析来查看当前的施工进程,从全局上把控施工进度,不延误工期,不产生额外的人工费用,保障企业的经济利益不受损。

D.1.10 建筑机器人在施工中的应用主要包括:

1 全位置焊接机器人,可用于超高层钢结构现场安装焊接作业,提高焊接质量,确保施工安全;

2 超高层外表面喷涂机器人,不仅可以解决高空作业的安全问题,还可以提高施工速度和精度;

3 大型板材安装机器人,可用于大型场馆、楼堂殿宇、火车站、机场装饰用大理石壁板、玻璃幕墙、天花板等的安装作业,无须搭建脚手架,由两名操作工人即可完成大范围移动作业。

D.1.11 云机器人是云计算与机器人学的结合。机器人本身不需要存储所有资料信息或具备超强的计算能力,只是在需要时连接相关服务器并获得所需信息。例如,机器人拍摄周围环境照片并上传到服务器端,服务器端检索出类似的照片,并计算出机器人的行进路径以避开障碍物,同时将这些信息储存起来,方便其他机器人检索。所有机器人可以共享数据库,减少了开发人员的开发时间,还可以通过云计算实现自我学习。

附录 E　外挂墙板和内隔墙安装的允许偏差

E. 0. 1　外挂墙板安装尺寸允许偏差及检验方法应符合表 E.0.1 的规定。

表 E. 0. 1　外挂墙板安装尺寸允许偏差及检验方法

<table>
<tr><th colspan="3">检验项目</th><th>允许偏差(mm)</th><th>检验方法</th></tr>
<tr><td colspan="3">中心线对轴线位置</td><td>3.0</td><td>尺量</td></tr>
<tr><td colspan="3">标高</td><td>±3.0</td><td>水准仪或尺量</td></tr>
<tr><td rowspan="4">垂直度</td><td rowspan="2">每层</td><td>≤ 3 m</td><td>3.0</td><td rowspan="4">全站仪或经纬仪</td></tr>
<tr><td>> 3 m</td><td>5.0</td></tr>
<tr><td rowspan="2">全高</td><td>≤ 10 m</td><td>5.0</td></tr>
<tr><td>> 10 m</td><td>10.0</td></tr>
<tr><td colspan="3">相邻单元板平整度</td><td>2.0</td><td>钢尺、塞尺</td></tr>
<tr><td colspan="2" rowspan="2">板接缝</td><td>宽度</td><td rowspan="2">±3.0</td><td rowspan="2">尺量</td></tr>
<tr><td>中心线位置</td></tr>
<tr><td colspan="3">门窗洞口尺寸</td><td>±5.0</td><td>尺量</td></tr>
<tr><td colspan="3">上下层门窗洞口偏移</td><td>±3.0</td><td>垂线或尺量</td></tr>
</table>

E. 0. 2　内隔墙安装尺寸允许偏差及检验方法应符合表 E.0.2 的规定。

表 E. 0. 2　内隔墙安装尺寸允许偏差及检验方法

项次	检验项目	允许偏差(mm)	检验方法
1	墙面轴线位置	3.0	经纬仪、拉线、尺量
2	层间墙面垂直度	3.0	2 m 托线板、吊垂线
3	板缝垂直度	3.0	2 m 托线板、吊垂线
4	板缝水平度	3.0	拉线、尺量
5	表面平整度	3.0	2 m 靠尺、塞尺
6	拼缝误差	1.0	尺量
7	洞口位移	±3.0	尺量

附录 F　常用轻质条板物理性能指标

F. 0. 1　常用轻质条板物理性能指标见表 F. 0. 1～表 F. 0. 5。

表 F. 0. 1　蒸压加气混凝土条板

<table>
<tr><td>项目</td><td colspan="5">指标</td></tr>
<tr><td>板厚 mm</td><td>75</td><td>90</td><td>100</td><td>120</td><td>150</td></tr>
<tr><td>含水率 %</td><td colspan="5">≤ 10</td></tr>
<tr><td>抗冲击性能</td><td colspan="5">经 5 次抗冲击试验后，板面无裂纹</td></tr>
<tr><td>抗弯破坏荷载 / 板自重倍数</td><td colspan="5">≥ 2.5</td></tr>
<tr><td>抗压强度 /MPa</td><td colspan="5">≥ 2.5</td></tr>
<tr><td>软化系数</td><td colspan="5">≥ 0.80</td></tr>
<tr><td>面密度 kg/m^3</td><td>≤ 55</td><td>≤ 65</td><td>≤ 70</td><td>≤ 85</td><td>105</td></tr>
<tr><td>干燥收缩值 mm/m</td><td colspan="5">≤ 0.5</td></tr>
<tr><td>吸水率 %</td><td colspan="5">≤ 10</td></tr>
<tr><td>空气声计权隔声量 dB</td><td>—</td><td colspan="2">≥ 35</td><td>≥ 38</td><td>≥ 40</td></tr>
<tr><td>吊挂力 N</td><td colspan="5">荷载 1000 N 静置 24 h，板面无宽度超过 0.5 mm 的裂缝</td></tr>
<tr><td>耐火极限 h</td><td colspan="5">≥ 2</td></tr>
<tr><td>传热系数［W/（m^2•K）］</td><td>—</td><td colspan="3">≤ 2.0</td><td>≤ 1.5</td></tr>
<tr><td>放射性核素限量</td><td colspan="5">符合《建筑材料反射性核素限量》GB 6566</td></tr>
</table>

表F.0.2 轻集料复合增强条板

项目	指标				
板厚 mm	75	90	100	120	150
含水率 %	≤ 10				
抗冲击性能	经5次抗冲击试验后，板面无裂纹				
抗弯破坏荷载 / 板自重倍数	≥ 2.5				
抗压强度 /MPa	≥ 3.5				
软化系数	≥ 0.80				
面密度 kg/m^3	≤ 65	≤ 80	≤ 85	≤ 105	130
干燥收缩值 mm/m	≤ 0.50				
吸水率 %	≤ 10				
泛霜性	无泛霜				
抗返卤性	无返潮，无集结水珠				
空气声计权隔声量 dB	—	≥ 38	≥ 40	≥ 42	≥ 45
吊挂力 N	荷载1000 N静置24 h，板面无宽度超过0.5 mm的裂缝				
耐火极限 h	≥ 2				
传热系数 [$W/(m^2 \cdot K)$]	—	≤ 2.0			≤ 1.5
放射性核素限量	符合《建筑材料反射性核素限量》GB 6566				

表F.0.3 增强型发泡水泥无机复合条板

项目	指标				
板厚 mm	75	90	100	120	150
含水率 %	≤ 10				
抗冲击性能	经5次抗冲击试验后，板面无裂纹				

续表

<table>
<tr><td>项目</td><td colspan="5">指标</td></tr>
<tr><td>抗弯破坏荷载 / 板自重倍数</td><td colspan="5">≥ 2.5</td></tr>
<tr><td>抗压强度 /MPa</td><td colspan="5">≥ 3.5</td></tr>
<tr><td>软化系数</td><td colspan="5">≥ 0.80</td></tr>
<tr><td>面密度 kg/m^3</td><td>≤ 80</td><td>≤ 90</td><td>≤ 100</td><td>≤ 110</td><td>≤ 130</td></tr>
<tr><td>干燥收缩值 mm/m</td><td colspan="5">≤ 0.50</td></tr>
<tr><td>吸水率 %</td><td colspan="5">≤ 10</td></tr>
<tr><td>泛霜性</td><td colspan="5">无泛霜</td></tr>
<tr><td>抗返卤性</td><td colspan="5">无返潮，无集结水珠</td></tr>
<tr><td>空气声计权隔声量 dB</td><td>—</td><td colspan="2">≥ 35</td><td>≥ 40</td><td>≥ 45</td></tr>
<tr><td>吊挂力 N</td><td colspan="5">荷载 1000 N 静置 24 h，板面无宽度超过 0.5 mm 的裂缝</td></tr>
<tr><td>耐火极限 h</td><td colspan="5">≥ 2</td></tr>
<tr><td>传热系数［$W/(m^2 \cdot K)$］</td><td>—</td><td colspan="3">≤ 2.0</td><td>≤ 1.5</td></tr>
<tr><td>放射性核素限量</td><td colspan="5">符合《建筑材料反射性核素限量》GB 6566</td></tr>
</table>

表 F.0.4　硅酸钙板夹芯复合条板

<table>
<tr><td>项目</td><td colspan="5">指标</td></tr>
<tr><td>板厚 mm</td><td>75</td><td>90</td><td>100</td><td>125</td><td>150</td></tr>
<tr><td>含水率 %</td><td colspan="5">≤ 10</td></tr>
<tr><td>抗冲击性能</td><td colspan="5">经 5 次抗冲击试验后，板面无裂纹</td></tr>
<tr><td>抗弯破坏荷载 / 板自重倍数</td><td colspan="5">≥ 2.5</td></tr>
<tr><td>抗压强度 /MPa</td><td colspan="5">≥ 3.5</td></tr>
<tr><td>软化系数</td><td colspan="5">≥ 0.80</td></tr>
</table>

续表

项目	指标				
面密度 kg/m^3	≤ 65	≤ 80	≤ 85	≤ 105	≤ 130
干燥收缩值 mm/m	≤ 0.50				
吸水率 %	≤ 10				
泛霜性	无泛霜				
抗返卤性	无返潮，无集结水珠				
空气声计权隔声量 dB	—	≥ 35	≥ 38	≥ 40	≥ 45
吊挂力 N	荷载 1000 N 静置 24 h，板面无宽度超过 0.5 mm 的裂缝				
耐火极限 h	≥ 2				
传热系数 $[W/(m^2 \cdot K)]$	—	≤ 2.0			≤ 1.5
放射性核素限量	符合《建筑材料反射性核素限量》GB 6566				

表 F.0.5 发泡陶瓷墙板

项目	指标			
板厚 mm	80	100	120	200 复合板（80 板 +40 中空 +80 板）
含水率 %	≤ 2			
抗冲击性能	经过 5 次抗冲击试验后板面无裂纹			
抗压强度 MPa	≥ 5.0			
软化系数	> 0.80			
面密度 kg/m^2	< 34	< 42	< 52	< 68
干燥收缩值 mm/m	< 0.3			
吸水率 %	< 3			
空气声计权隔声量 dB	≥ 35	≥ 41	≥ 45	≥ 45

续表

项目	指标			
吊挂力 N	荷载 1000 N 静置 24 h，板面无宽度超过 0.5 mm 的裂纹			
耐火极限 h	≥ 1	≥ 1	≥ 2	≥ 2
传热系数 [W/（m^2·K）]	≤ 1.64	≤ 1.31	≤ 1.09	≤ 0.66
放射性核素限量	内照射指数 IRa		≤ 0.8	
	外照射指数 Ir		≤ 1.0	

本标准用词说明

1　为了便于在执行本标准条文时区别对待，对要求严格程度不同的用词说明如下。

1）表示很严格，非这样做不可的：

正面词采用“必须”；反面词采用“严禁”。

2）表示严格，在正常情况下均应这样做的：

正面词采用“应”；反面词采用“不应”或“不得”。

3）表示稍有选择，在条件许可时首先应这样做的：

正面词采用“宜”或“可”；反面词采用“不宜”。

4）表示有选择，在一定条件可以这样做的，采用“可”。

2　条文中指定应按其他有关标准、规范执行时，写法为“应符合……规定”或“应按……执行”。

引用标准目录

1 《建筑材料及制品燃烧性能分级》GB 8624
2 《防火封堵材料》GB 23864
3 《钢钉》GB 27704
4 《建筑模数协调标准》GB 50002
5 《钢结构设计标准》GB 50017
6 《建筑结构荷载规范》GB 50009
7 《混凝土结构设计规范》GB 50010
8 《建筑抗震设计规范》GB 50011
9 《建筑设计防火规范》GB 50016
10 《高层民用建筑钢结构设计规范》JGJ 99
11 《建筑物防雷设计规范》GB 50057
12 《建筑结构可靠性设计统一标准》GB 50068
13 《住宅设计规范》GB 50096
14 《民用建筑隔声设计规范》GB 50118
15 《民用建筑热工设计规范》GB 50176
16 《城市居住区规划设计规范》GB 50180
17 《公共建筑节能设计标准》GB 50189

18 《钢结构工程施工质量验收规范》GB 50205
19 《装配式钢结构建筑技术标准》GB/T 51232
20 《建筑装饰装修工程质量验收规范》GB 50210
21 《建筑内部装修设计防火规范》GB 50222
22 《建筑工程施工质量验收统一标准》GB 50300
23 《智能建筑设计标准》GB 50314
24 《民用建筑工程室内环境污染控制规范》GB 50325
25 《屋面工程技术规范》GB 50345
26 《民用建筑设计通则》GB 50352
27 《钢结构焊接规范》GB 50661
28 《钢结构施工规范》GB 50755
29 《建筑钢结构防腐蚀技术规程》JGJ251
30 《碳素结构钢》GB/T 700
31 《建筑钢结构防火技术规范》CECS200
32 《钢结构用高强度大六角头螺栓》GB/T 1228
33 《钢结构用高强度大六角螺母》GB/T 1229
34 《钢结构用高强度垫圈》GB/T 1230
35 《钢结构用高强度大六角头螺栓、大六角螺母、垫圈技术条件》GB/T 1231
36 《低合金高强度结构钢》GB/T 1591
37 《紧固件机械性能 螺栓、螺钉和螺柱》GB/T 3098.1
38 《紧固件机械性能 螺母 粗牙螺纹》GB/T 3098.2
39 《紧固件机械性能 螺母 细牙螺纹》GB/T 3098.4
40 《紧固件机械性能 自攻螺钉》GB/T 3098.5
41 《紧固件机械性能 不锈钢螺栓、螺钉和螺柱》GB/T 3098.6

42 《紧固件机械性能 自钻自攻螺钉》GB/T 3098.11
43 《紧固件机械性能 不锈钢螺母》GB/T 3098.15
44 《钢结构用扭剪型高强度螺栓连接副技术条件》GB/T 3633
45 《焊接结构用耐候钢》GB/T 4172
46 《碳钢焊条》GB/T 5117
47 《低合金钢焊条》GB/T 5118
48 《紧固件 螺栓和螺钉通孔》GB/T 5277
49 《六角头螺栓 C 级》GB/T 5780
50 《六角头螺栓》GB/T 5782
51 《建筑门窗洞口尺寸系列》GB/T 5824
52 《建筑外门窗气密、水密、抗风压性能分级及检测方法》GBT/T 7106
53 《建筑材料难燃性实验方法》GB/T 8625
54 《一般工程用铸造碳钢件》GB/T 11352
55 《绝热用岩棉、矿渣棉及其制品》GB/T 11835
56 《住宅卫生间功能及尺寸系列》GB/T 11977
57 《绝热用玻璃棉及其制品》GB/T 13350
58 《一般工程与结构用低合金铸造件》GB/T 14408
59 《硅酮建筑密封胶》GB/T 14683
60 《十字槽盘头自钻自攻螺钉》GB/T 15856.1
61 《十字槽沉头自钻自攻螺钉》GB/T 15856.2
62 《建筑用硅酮结构密封胶》GB16776
63 《建筑幕墙》GB/T 21086
64 《建筑用阻燃密封胶》GB/T 24267
65 《建筑门窗、幕墙用密封胶条》GB/T 24498

66 《建筑工程施工组织设计规范》GB/T 50502
67 《单组分聚氨酯泡沫填缝剂》JC 936
68 《民用建筑电气设计规范》JGJ 16
69 《严寒和寒冷地区居住建筑节能设计标准》JGJ 26
70 《建筑机械使用安全技术规程》JGJ 33
71 《施工现场临时用电安全技术规范》JGJ 46
72 《夏热冬暖地区居住建筑节能设计标准》JGJ 75
73 《建筑施工高处作业安全技术规范》JGJ 80
74 《夏热冬冷地区居住建筑节能设计标准》JGJ 134
75 《建筑施工起重吊装安全技术规范》JGJ 276